电力企业微课工程精品册系列教材

SHUDIAN XIANLU JICHU JI ZUTA GONGCHENG YAODIAN

输电线路基础及组塔工程要点

王毅 胡畅 汪雪婷 ◎主编

四川大学出版社
SICHUAN UNIVERSITY PRESS

项目策划：王　睿　李波翔

责任编辑：王　睿

责任校对：胡晓燕

封面设计：青于蓝

责任印制：王　炜

图书在版编目（CIP）数据

输电线路基础及组塔工程要点 / 王毅，胡畅，汪雪
婷主编． — 成都：四川大学出版社，2022.5
　ISBN 978-7-5690-5440-8

　Ⅰ．①输… Ⅱ．①王… ②胡… ③汪… Ⅲ．①输电线
路—线路杆塔—架线施工 Ⅳ．① TM754

中国版本图书馆 CIP 数据核字（2022）第 067252 号

书名	输电线路基础及组塔工程要点
主　编	王　毅　胡　畅　汪雪婷
出　版	四川大学出版社
地　址	成都市一环路南一段 24 号（610065）
发　行	四川大学出版社
书　号	ISBN 978-7-5690-5440-8
印前制作	成都墨之创文化传播有限公司
印　刷	四川盛图彩色印刷有限公司
成品尺寸	185mm×260mm
印　张	8.75
字　数	161 千字
版　次	2022 年 5 月第 1 版
印　次	2022 年 5 月第 1 次印刷
定　价	58.00 元

扫码查看数字版

四川大学出版社
微信公众号

◆ 读者邮购本书，请与本社发行科联系。
　电话：(028)85408408/(028)85401670/
　(028)86408023　邮政编码：610065

◆ 本社图书如有印装质量问题，请寄回出版社调换。

◆ 网址：http://press.scu.edu.cn

BIANWEIHUI 编委会

QIANYAN 前　言

　　本书根据近年来送变电公司承建的输电线路工程基础、组塔施工案例编写而成。本书主要内容包括：输电线路基础分坑、挖孔基础钢筋笼制作和吊装、人工挖孔桩基础护壁制作、单桩基础混凝土浇筑及基础养护、输电线路组塔抱杆介绍、组塔施工质量管理、组塔作业高处坠落防护等。

　　本书可供输电线路基础施工单位的技术人员及管理人员使用，也可供输电线路设计、监理人员以及大专院校有关专业师生参考。

编　者

2021 年 12 月 6 日

目　录 MULU

第1部分
概述

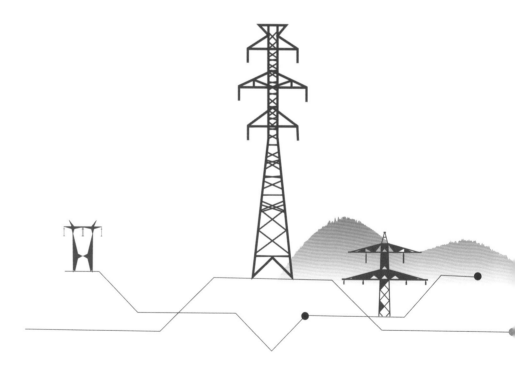

1.1 团队及编写目的介绍

1.1.1 团队介绍

本书编写团队主要由国网四川电力送变电建设有限公司输电二分公司、输电三分公司员工组成，其中高级工程师 1 名，高级技师 2 名，助理工程师 1 名，新进"T 计划"员工 7 名。团队成员熟悉组塔设备、施工流程及要点，部分团队成员施工管理经验丰富。

团队成员有杨翼、屈治伶、陈墨轩、黄付轩、李丹、王心怡、殷紫珊、梁永康、蓝宏、李红源、余论权、刘诚等。

1.1.2 编写目的

本书简要介绍了输电线路基础分坑、挖孔桩单桩基础钢筋笼制作和吊装、人工挖孔桩基础护壁制作、挖孔桩单桩基础混凝土的浇筑及养护、输电线路组塔抱杆等内容，同时对组塔施工中的质量管控要求、安全管控要求及防护用品的正确使用方法进行了梳理。可供输电线路基础施工单位的技术人员及管理人员使用，也可供输电线路设计人员、监理人员以及大专院校有关专业师生参考。

1.2 任务风险点、重点、难点描述

输电线路组塔施工方法包括悬浮抱杆内拉线组塔施工、悬浮抱杆外拉线组塔施工、平臂抱杆组塔施工、摇臂抱杆组塔施工等多种方法。组塔施工主要存在高处坠落、物体打击、机械伤害等安全风险。施工过程中各系统部位布置是否合理规范，指挥人员、监护人员、作业人员操作是否规范等，对组塔施工安全及质量管控效果有重要影响。

挖孔桩基础施工包括基础开挖、钢筋笼绑扎、基础混凝土浇筑等环节，涉及开挖一体机、旋挖机、流动式起重机等特种作业设备，存在密闭空间作业中毒、窒息，高处坠落等风险。此外，基础施工现场涉及临边作业、焊接等特殊作业，对现场安全风险管控要求较高。

第 2 部分
任务详述

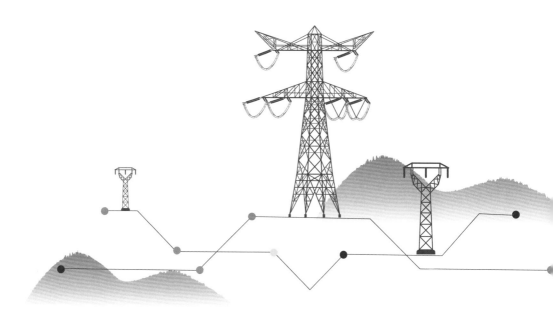

2.1 挖孔桩（旋挖成孔）单桩基础钢筋笼概述

2.1.1 钢筋笼简介

何为钢筋笼？当混凝土结构物为柱状或条状构件时，其中心部分不需要配筋，只需沿周边均匀布置。如果这个构件是独立的，我们可以将该构件周边设置的钢筋预先制作好。通常我们把钻孔灌注桩、挖孔桩、立柱等预先制作的钢筋结构称为钢筋笼。

2.1.2 钢筋笼的作用

钢筋笼主要起抗拉作用，混凝土的抗压强度高但抗拉强度较低。钢筋笼能对桩身混凝土起一定的约束作用，使其可承受一定的轴向拉力。

2.2 挖孔桩（旋挖成孔）单桩基础钢筋笼的制作

2.2.1 施工危险点分析及预防措施

1. 防止触电

应加强带电机械使用过程检查，做到"一机一闸一保护"，避免施工中因触电对人身造成伤害。

2. 防止机械伤害

机械转动部分应设置防护罩，避免机械在转动过程中对施工人员造成伤害。

2.2.2 设备及工器具的准备

设备及工器具的准备见表 2.2-1。

表 2.2-1　设备及工器具的准备

序号	名称	数量（台）
1	弯曲机	1
2	电焊机	1
3	钢筋切断机	1
4	调直机	1

序号	名称	数量（台）
5	吊车	1
6	发电机	1

2.2.3 钢筋笼的制作

1. 设备及工器具

（1）设备及工器具的准备、布置。

①设备及工器具的准备：准备发电机、钢筋切断机、电焊机、弯曲机等。

②设备及工器具的布置：合理布置工器具位置，发电机等用电设备须可靠接地。

（2）设备及工器具的检查。

①发电机：检查发电机运行状态及接地情况。

②钢筋切断机：启动前必须检查刀片有无裂纹、刀架螺栓是否紧固、防护罩是否可靠。

③电焊机：作业前应检查电焊机的压力机构是否灵活，夹具必须牢固，气、液压系统有无泄漏。

④弯曲机：检查芯轴挡块转盘有无损害和裂纹，防护罩是否紧固可靠，经空转正常后方可作业。

（3）合格条件。

①发电机、钢筋切断机、电焊机等设备运行正常。

②机械转动部分防护罩齐全，无缺失。

③接地线采用横截面积不小于 25 mm^2 的裸铜软线，接地针埋设深度不小于 0.6 m。

2. 制作步骤

（1）把主筋摆在平整的工作场地上，并在主筋上标出箍筋的位置，如图 2.2-1 所示。

工程名称：南荆长 1000 kV 特高压
线路工程（施工三队）

施工部位：N5101 钢筋笼加工

图 2.2-1

（2）按设计尺寸做好箍筋（内箍和支撑筋），并在箍筋上标出主筋位置，如图 2.2-2
所示。

工程名称：南荆长 1000 kV 特高压
线路工程（施工三队）

施工部位：N5079 钢筋笼制作

图 2.2-2

（3）焊接第一个主筋时，在箍筋和主筋的对应标记处进行焊接。焊接前应扶正箍筋，待其与主筋垂直后再进行焊接。依序在一根主筋上焊接全部箍筋，并焊接内部支撑筋，如图 2.2-3 所示。

工程名称：南荆长 1000 kV 特高压
线路工程（施工三队）

施工部位：N5102 钢筋焊接

图 2.2-3

（4）在钢筋笼骨架两侧各安排一人转动骨架，其余主筋按照上述方法依次焊接，如图 2.2-4 所示。

工程名称：南荆长 1000 kV 特高
压线路工程（施工二队）

施工部位：N5047 制作钢筋笼

图 2.2-4

（5）将钢筋笼骨架放在支架上，按设计位置布置好螺旋筋（外箍），并绑扎于主筋上，如图 2.2-5 所示。

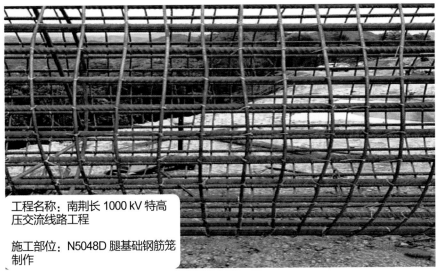

工程名称：南荆长 1000 kV 特高压交流线路工程

施工部位：N5048D 腿基础钢筋笼制作

图 2.2-5

（6）将制作好的钢筋骨架置于平整干燥的场地上，如图 2.2-6 所示。存放时，每个箍筋与地面接触处都应垫上等高的木方，以免黏上泥土。每组钢筋笼骨架应按顺序摆放，以便于使用。

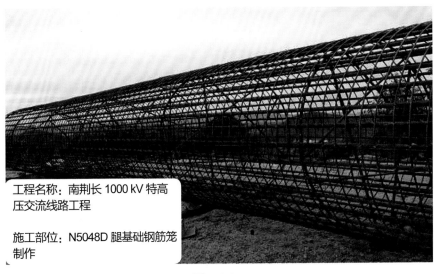

工程名称：南荆长 1000 kV 特高压交流线路工程

施工部位：N5048D 腿基础钢筋笼制作

图 2.2-6

钢筋笼的制作流程如图 2.2-7 所示。

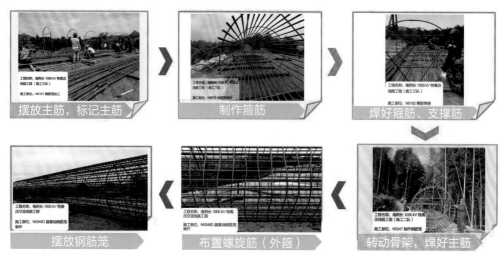

图 2.2-7

2.2.4　钢筋笼的制作要求

（1）按要求准备施工设备，完成设备使用前的检验。

（2）进场时由供材单位提供钢筋质量保证书，并对钢筋外观进行检查，同时按规定进行各项试验。

（3）钢筋安装的偏差值必须满足设计及施工技术规范的要求。

（4）钢筋焊工须培训合格后持证上岗。钢筋在正式施焊前，须按规范要求进行焊接试验，试验合格后方可进行正式焊接。施焊后按规定进行各项试验。

（5）钢筋加工的形状、尺寸应符合设计要求，其偏差值应符合相关规范规定。

（6）对于需做超声波检测的桩基，应把声测管固定在钢筋笼上，随钢筋笼一起下放至桩孔内。

```
口　诀

一准备：准备工器具。
二主筋：摆放好主筋。
三箍筋：箍筋制作好。
四电焊：箍筋支撑筋。
五螺旋：电焊好主筋。
六加强：绑扎外箍筋。
七摆放：摆好钢筋笼。
```

2.3　挖孔桩（旋挖成孔）单桩基础钢筋笼的吊装

2.3.1　设备及工器具

1. 工器具准备及布置

（1）设备及工器具准备：准备旋挖机、吊车等设备和钢丝绳、牵引绳等。

（2）设备的布置：合理布置旋挖机、吊车等设备的位置，用电设备须可靠接地。

2. 设备及工器具的检查

（1）旋挖机：检查旋挖机运行状态及接地情况。

（2）吊车：检查吊车运行状态及接地情况。

（3）钢丝绳：检查钢丝绳外观有无破损、打结，穿插长度是否符合要求。

（4）牵引绳：检查牵引绳外观有无破损，长度是否符合要求。

3. 合格条件

（1）旋挖机、吊车等设备运行正常。

（2）钢丝绳、牵引绳符合使用要求。

（3）接地线采用横截面积不小于 $25\ mm^2$ 的裸铜软线，接地针埋设深度不小于 0.6 m。

2.3.2　挖孔桩（旋挖成孔）单桩基础钢筋笼吊装步骤

（1）完成清孔后，使用吊车吊装钢筋笼，清理钢筋笼上的灰土，并对坑底进行二次清孔，如图 2.3-1 所示。以南荆长 1000 kV 特高压交流线路工程为例，本工程钢筋笼最重为 6.139 t、最长为 17 m，一般钢筋笼长度在 15 m 以下和 5 t 以内时可采用旋挖机直接吊装。

图 2.3-1

（2）指挥吊车或旋挖机吊笼入孔、定位，吊车旋转时应平稳并在钢筋笼上拉牵引绳，如图 2.3-2 所示。下放钢筋笼时若遇到卡孔的情况，要先吊出钢筋笼并检查孔位情况，然后再进行吊放，不得强行入孔。钢筋笼安放就位前，必须清除孔底沉渣，孔底沉渣直径应不大于 150 mm。

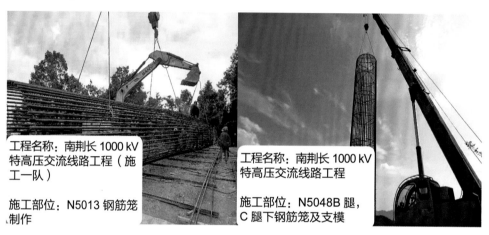

工程名称：南荆长 1000 kV
特高压交流线路工程（施工一队）

施工部位：N5013 钢筋笼制作

工程名称：南荆长 1000 kV
特高压交流线路工程

施工部位：N5048B 腿，C 腿下钢筋笼及支模

图 2.3-2

（3）吊装钢筋笼入孔时，应尽可能使钢筋笼保持正直并缓慢下落，如图 2.3-3 所示。为防止损坏孔壁，可在钢筋笼四周挂四根导向钢管；护板自地面 1000 mm 以下开始，向下每隔 3000 mm 设置一层，可用预制混凝土绑扎垫块代替；钢筋笼吊装到位后，用细钢丝绳将钢筋笼固定在孔边，并使钢筋笼的垂直中轴线与桩孔的中轴线重合，钢筋笼主筋间距偏差不允许超过 ±10 mm，箍筋间距偏差不允许超过 ±20 mm，钢筋笼安放后的底面标高要符合相关要求。

工程名称：南荆长 1000 kV
特高压交流线路工程

施工部位：N5048D 腿下钢筋笼

工程名称：南荆长 1000 kV
特高压交流线路工程

施工部位：N5048D 腿，C 腿下钢筋笼及支模

图 2.3-3

（4）钢筋应妥善保管，以防丢失或因保管不善而造成严重锈蚀（如堆放在野外时，应下铺上盖）。所用钢筋品种、规格应与设计相符，钢筋表面的油污、铁锈都应清除干净，如图 2.3-4 所示。在除锈过程中，如发现钢筋表面锈斑鳞落现象严重或钢筋表面有严重的麻坑、斑点伤蚀截面时，应降级使用或剔除不用。特别注意的是，带有颗粒状或片状老锈的钢筋不得使用。

图 2.3-4

钢筋笼的吊装步骤如图 2.3-5 所示。

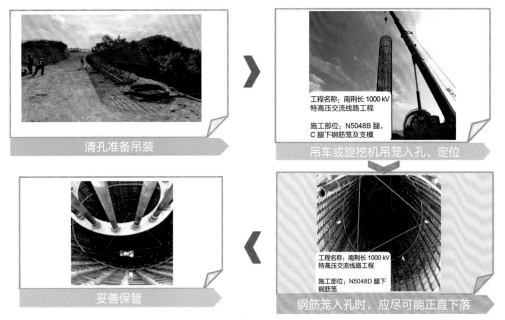

清孔准备吊装

吊车或旋挖机吊笼入孔、定位

工程名称：南荆长 1000 kV
特高压交流线路工程

施工部位：N5048B 腿，
C 腿下钢筋笼及支模

妥善保管

钢筋笼入孔时，应尽可能正直下落

工程名称：南荆长 1000 kV
特高压交流线路工程

施工部位：N5048D 腿下
钢筋笼

图 2.3-5

2.3.3　钢筋笼的吊装要求

（1）钢筋笼起吊前应先检查保护层的耳筋是否完好，并设置 3 个起吊点，起吊点须加强焊接以确保吊装稳固；钢筋笼上黏附的泥土和油渍需清理干净。

（2）钢筋笼吊放时须吊直、扶稳，保证不弯曲、扭转。对准孔位后，缓慢下沉，避免碰撞孔壁。下放过程中若遇阻碍应立即停止，查明原因并进行处理，严禁强行冲放。下放至孔口时逐个拆除箍筋的支撑（不得掉入孔中），同时注意观察孔内水位，如发现异样，马上停机，检查是否坍孔。

（3）钢筋笼入孔后，要牢固定位，以防止其上浮或下沉。

（4）钢筋笼吊装完成并经技术人员检查合格后方可进入下一工序。

2.4　挖孔桩（旋挖成孔）单桩基础下料及混凝土振捣

2.4.1　设备及工器具

1．设备及工器具的准备、布置

（1）设备及工器具的准备：准备插入式振动棒、发电机、绝缘手套、绝缘靴、二道保护绳等。

（2）设备的布置：合理布置发电机等设备位置，用电设备须可靠接地。

2．设备及工器具的检查

（1）插入式振动棒：检查插入式振动棒的工作状态。

（2）绝缘手套、绝缘靴：检查绝缘手套、绝缘靴外观有无损坏以及是否具有合格证。

（3）发电机：检查发电机外观有无损坏以及是否具有合格证，并按要求接地。

（4）二道保护绳：检查二道保护绳外观是否完好，长度是否符合要求。

3．合格条件

（1）发电机及插入式振动棒运行正常。

（2）绝缘手套、绝缘靴、二道保护绳符合使用要求。

（3）接地线采用横截面积不小于 25 mm^2 的裸铜软线，接地针埋设深度不小于 0.6 m。

2.4.2 详细步骤

（1）在开始工作之前做好相关准备措施，固定串筒及支撑筋，施工人员佩戴好安全防护装备，检查插入式振动棒及发电机的运转情况，并在振动棒上绑好二道保护绳，如图 2.4-1 所示。

图 2.4-1

（2）浇筑混凝土时，应及时使用振动棒进行振捣，如图 2.4-2 所示。

图 2.4-2

（3）施工时应根据混凝土的浇筑方量进行振捣。振捣时应按顺序逐点推进，移动间距不大于 1.5 倍作用半径；应遵循先边角后中间的原则，振动棒距模板距离不大于振动棒作用半径（振动棒作用部分长度的 1.25 倍，一般为 400 mm）的一半，如图 2.4-3 所示。

工程名称：南荆长 1000 kV 特高压线路工程（施工三队）

施工部位：N5100D 腿浇筑打振动棒

图 2.4-3

（4）每一插点都要掌握好振捣时间，一般为 20～30 s，如图 2.4-4 所示。振捣时间过短不易捣实混凝土，不利于气泡排出；振捣时间过长可能导致混凝土出现分层离析现象，影响结构强度和耐久性。振捣混凝土时，振动棒若紧靠模板振捣，则很可能将气泡赶至模板边，反而不利于气泡排出，故应与模板保持 150～200 mm 的距离，以便气泡排出。

工程名称：南荆长 1000 kV 特高压交流线路工程（施工一队）

施工部位：N5013B 腿混凝土浇筑打振动棒

图 2.4-4

（5）振动棒每次振捣深度以不大于 300 ～ 400 mm 为宜，插入下层混凝土深度应不小于 50 mm。振捣时应"快插慢拔"，直至混凝土内部密实均匀，表面呈现浮浆，且无沉落现象为止，如图 2.4-5 所示。混凝土在浇筑与振捣过程中，有可能造成钢筋笼倾斜，故要随时监测钢筋笼、模板及地脚螺栓的方位、根开和高差等，如有偏差应及时校正。需要注意的是：保证基础顶面高差在允许的误差范围内，一次成型。

图 2.4-5

挖孔桩单桩基础下料及混凝土振捣流程如图 2.4-6 所示。

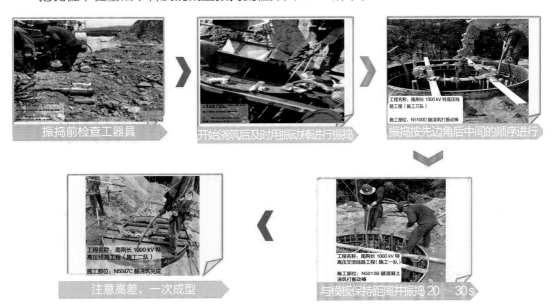

图 2.4-6

2.4.3　混凝土的振捣要求

（1）振动棒插入混凝土时要快，拔出时要慢，以免在混凝土中留下空隙。

（2）振动棒每次插入振捣的时间为 20 ～ 30 s，以混凝土不显著下沉、不出现气泡、表面开始泛浆时为宜。

（3）振动棒的振捣时间不宜过长，时间过长会导致砂与水泥浆分离、石子下沉，并在混凝土表面形成砂层，对结构强度造成影响。

（4）振捣时振动棒应插入下层混凝土约 10 cm，以加强上下层混凝土的结合。

（5）振动棒插入前后间距一般为 30 ～ 50 cm，防止漏振。

（6）三不靠：指振动棒振捣时不要碰到模板、钢筋、预埋件（如声测管）。使用振动棒在模板附近振捣时，应同时用木锤轻击模板；在钢筋密集处和模板边角处，应使用铁钎配合捣实混凝土。

2.5　挖孔桩（旋挖成孔）单桩基础混凝土的浇筑

2.5.1　混凝土浇筑简介

首先，我们需要了解什么是混凝土。

混凝土简称"砼"（tóng），是指由胶凝材料将集料胶结成整体的工程复合材料的统称。我们通常讲的混凝土是指用水泥作为胶凝材料，砂、石作集料，与水（可含外加剂和掺合料）按一定比例配合，经搅拌而得的水泥混凝土，也称普通混凝土。

1. 商品混凝土

目前，城市在建项目一般多使用商品混凝土，商品混凝土是指以集中搅拌、远距离运输的方式向施工工地提供现浇混凝土，是现代混凝土与现代化施工工艺相结合的高科技建材产品。

2. 混凝土浇筑

混凝土浇筑是混凝土施工最后成型和保证施工质量的重要环节，包括分层铺料、平仓和捣实三个工序。

2.5.2　混凝土浇筑前的准备工作

1. 材料、场地、机械、人员准备

（1）材料：确认当前浇筑区域所需混凝土方量，联系混凝土搅拌站，提前报备混凝土计划。

（2）场地：确定泵送点及混凝土搅拌运输车进出路线。

（3）机械：准备浇筑混凝土需要的泵车或塔吊。

（4）人员准备：现场管理人员对混凝土搅拌运输车进行调度，避免出现混凝土搅拌运输车长时间等待或混凝土标号卸错的情况。

2. 作业条件

（1）浇筑混凝土层段的模板、钢筋、预埋铁件及管线等应全部安装完毕，经检查合格后完成隐蔽、预检手续的办理。

（2）浇筑混凝土前应将模板内的垃圾、泥土等杂物及钢筋上的油污清除，并检查水泥砂浆垫块是否摆放到位。使用木模板时应浇水使模板湿润，柱子模板的扫除口应在清除杂物及积水后再进行封闭。

（3）浇筑混凝土使用的架子及走道应搭建完毕，并检查合格。

（4）水泥、砂、石及外加剂等配合比应符合相关要求，配合比实验报告已出具，并已按照实验报告执行。

（5）电子计量器衡量准确、灵活，振动棒运转正常。

（6）下雨天或下雪天要有专门的混凝土浇筑方案，当气候条件恶劣时应错开时间或及时停止浇筑混凝土。已经浇筑的混凝土应做好相应的保温养护措施。

2.5.3　混凝土浇筑的要求

1. 泵送混凝土的要求

泵送混凝土时必须保证混凝土泵能连续工作，如发生故障，停歇时间超过 45 min 或混凝土出现离析现象时，应立即用压力水或其他方法冲洗管内残留的混凝土。

2. 振捣要求

（1）混凝土自料口下落的自由倾落高度不得超过 2 m，若现场高度超过 2 m 则必须采取相应措施。

（2）浇筑混凝土时应分段分层连续进行，每层浇筑高度应根据结构特点、钢筋疏密

程度决定，一般分层高度为振动棒作用部分长度的 1.25 倍，最长不超过 50 cm。

（3）使用插入式振动棒应快插慢拔，插点要均匀排列、逐点移动、顺序进行、无遗漏，做到均匀振实。

（4）浇筑混凝土时应连续进行。如必须间歇，其间歇时间应尽量短，并应在前层混凝土初凝前，将次层混凝土浇筑完毕。

（5）浇筑混凝土时应经常观察模板、钢筋、预留孔洞、预埋件和插筋等有无移动、变形或堵塞情况，发现问题时立即停止浇筑，并在已浇筑的混凝土凝结前进行修正。

3. 养护要求

混凝土浇筑完毕后，应在 12 h 内加以覆盖并浇水，使混凝土保持在足够湿润的状态，养护期一般不少于 7 d。

2.5.4 混凝土浇筑的步骤

（1）桩基成孔后，应尽快安放钢筋笼并浇筑混凝土，以减少成孔的闲置时间，如图 2.5-1 所示。如清孔后 4 h 未开始浇筑混凝土，则必须重新清理孔底。施工人员要准确把握混凝土的浇筑时间，以防等待时间过长。

图 2.5-1

（2）相关人员应按要求对运送到施工现场的商品混凝土进行检查，如图 2.5-2 所示。检查内容包括：要求司机出示发货单，以确定混凝土出机的时间；测量混凝土的坍落度，以确定混凝土是否满足施工要求。对混凝土出机时间超过初凝时间，且出料有离析、沉淀现象的，应做相关处理或退货。

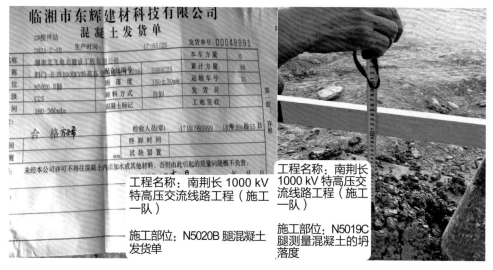

工程名称：南荆长 1000 kV
特高压交流线路工程（施工
一队）

施工部位：N5020B 腿混凝土
发货单

工程名称：南荆长 1000 kV 特高压交流线路工程（施工一队）

施工部位：N5019C 腿测量混凝土的坍落度

图 2.5-2

（3）商品混凝土送到施工现场后，应将滚筒高速旋转几周，使混凝土进一步均匀，然后才能出料。同时要观察并确认混凝土是否有离析现象，如图 2.5-3 所示。调整水灰比的工作应由搅拌站负责实施，严禁现场任意加水。

工程名称：南荆长 1000 kV 特高压线路工程（施工三队）

施工部位：N5090C 腿基础浇筑

图 2.5-3

（4）施工现场按规定制作混凝土试压块，并进行养护，如图 2.5-4 所示。

工程名称：南荆长 1000 kV 特高压线路工程（施工二队）

施工部位：N5048C 腿试压块

图 2.5-4

（5）浇筑混凝土时应先从立柱中心开始，逐渐延伸至四周，避免将钢筋向一侧挤压导致变形，如图 2.5-5 所示。单个塔腿基础必须一次浇筑完，不得留有施工缝。

工程名称：南荆长 1000 kV 特高压线路工程（施工三队）

施工部位：N5087D 腿基础浇筑

图 2.5-5

（6）施工现场应加强与搅拌站的联络，及时向搅拌站沟通施工情况和对混凝土的相关要求，以便混凝土搅拌站随时调整水灰比。尤其是当混凝土浇筑即将完成时，应向搅拌站预报所需的混凝土方量，如图 2.5-6 所示。

工程名称：南荆长 1000 kV 特高压线路工程（施工三队）

施工部位：N5087D 腿基础浇筑完成

图 2.5-6

混凝土的浇筑步骤如图 2.5-7 所示。

图 2.5-7

口　诀

一立即：成孔立即浇筑。

二检查：浇前做好检查。

三旋转：商混车先旋转。

四试块：做好砼试压块。

五连续：塔腿连续浇完。

六方量：随时通报方量。

2.5.5　混凝土浇筑可能存在的质量缺陷及预防措施

1. 蜂窝

原因分析：混凝土一次下料过厚，振捣不实或漏振；模板有缝隙导致水泥浆流失；钢筋较密而混凝土坍落度过小或石子过大；基础、柱、墙根部等下层混凝土浇筑后未停歇就继续浇筑上层混凝土，以致上层混凝土根部砂浆从下部涌出。

2. 露筋

原因分析：钢筋垫块发生位移或间距过大、漏放，钢筋紧贴模板；梁、板底部振捣不实。

3. 麻面

原因分析：模板表面不光滑或模板不够湿润，构件表面混凝土易黏附在模板上。

4. 孔洞

原因分析：在构件中钢筋较密的部位混凝土被卡住，未经振捣就继续浇筑上层混凝土。

5. 预防措施

（1）顶板混凝土出现裂缝：严格控制混凝土的坍落度及执行混凝土浇筑过程中的抹压施工。抹压必须超过两遍，避免浇筑混凝土过程中出现裂缝，同时加强混凝土的养护工作。

（2）混凝土气泡过多、离析、欠振：严格控制混凝土一次浇筑厚度，同时振捣时严格遵守快插慢拔的要求。严格控制振捣时间，遵循混凝土不再沉落和无气泡出现的原则。

（3）麻面：指派专人负责模板表面的清理工作（过程中应使用脱膜剂涂刷）。做到板面干净、脱膜剂涂刷均匀。控制拆模时间，进行试拆，确保不黏模。

（4）蜂窝：严格控制分层浇筑混凝土的厚度，应及时修补模板缝隙。在钢筋较密处严格控制振捣时间，杜绝漏振。

（5）露筋：垫块间距不宜过大，不应出现漏放。梁、板底部应振捣密实。

（6）孔洞：在振捣过程中应注意对钢筋较密部位的振捣，避免出现未经振捣就继续浇筑上层混凝土的情况。

2.6 挖孔桩（旋挖成孔）单桩基础混凝土试压块制作

2.6.1 混凝土试压块简介

混凝土试压块指混凝土试块脱模后与混凝土结构一起，进行同条件养护或标准养护，达到等效养护龄期时进行强度试验的试件。其抗压强度是作为结构验收时评价混凝土质量的重要依据。

2.6.2 试压块的作用

混凝土试压块分为标养试压块和同条件试压块两种。标养试压块体现的是混凝土本身的质量，同条件试压块体现的是现场实际构件的质量（混凝土本身的质量＋后期养护效果的质量）。

2.6.3 工器具及材料的准备

工器具及材料的准备清单见表 2.6-1

表 2.6-1 工器具及材料的准备清单

序号	名称	单位	数量
1	试压块模具	个	3
2	毛刷	把	1
3	脱模剂	袋	1
4	捣棒	根	1
5	钢卷尺	把	1
6	小铲	把	1
7	混凝土标准养护箱（如需要）	台	1

2.6.4　制作试压块的主要工器具简介

（1）试压块模具。一般标准试压块模具外形为长、宽、高相等的立方体，通常有塑料和钢两种材质，如图 2.6-1 所示。

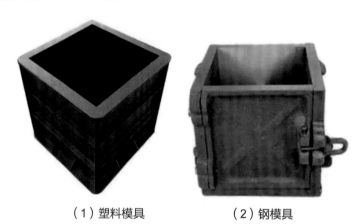

（1）塑料模具　　　　　　　（2）钢模具

图 2.6-1

（2）混凝土标准养护箱。一种给试压块提供恒温、恒湿环境的设备，如图 2.6-2 所示。

图 2.6-2

2.6.5　试压块的制作步骤

（1）将试压块制作工具清理干净，并在模具内壁涂刷脱模剂，如图 2.6-3 所示。

图 2.6-3

（2）把按要求取得的混凝土试样用小铲分三层均匀地装入模具内，捣实后每层高度为模具高的三分之一左右，如图 2.6-4 所示。

图 2.6-4

（3）每层用捣棒插捣 25 次，插捣应沿螺旋方向由外向内进行，如图 2.6-5 所示。

图 2.6-5

（4）清除多余混凝土并将表面抹平，如图 2.6-6 所示。

图 2.6-6

（5）试压块养护 48 h，待凝固成型后进行拆模，如图 2.6-7 所示。

图 2.6-7

（6）对试压块逐一编号，注明代表部位、制作日期、混凝土强度，如图 2.6-8 所示。

图 2.6-8

（7）将混凝土试压块放入混凝土标准养护箱内集中养护，如图 2.6-9 所示。

图 2.6-9

混凝土试压块的制作流程如图 2.6-10 所示。

图 2.6-10

2.6.6 人工挖孔桩基础混凝土试压块的制作要求

（1）试压块模具内应涂一薄层矿物油或其他不与混凝土发生反应的脱模剂。按规定将试样取出并倒在铁板上用铁锹搅拌均匀。取好的试样应尽快成型，这个过程的持续时间不宜超过 15 min。

（2）将混凝土拌合物一次装入模具。装料时应用抹刀沿模具壁插捣，并使混凝土拌合物高出模具口。

（3）使用直径为 25 mm 的振动插入式捣棒进行插捣。捣棒插入模具插捣时，应距模具底板 10 ~ 20 mm 且不得触及模具底板，振捣应持续到混凝土表面出浆为止，且应避免过振，以防止混凝土离析。一般振捣时间为 20 s。捣棒拔出时要缓慢，拔出后不得留有空洞。

（4）刮除模具上口多余的混凝土，待混凝土临近初凝时，用抹泥板抹平。

（5）将试压块放在（20±5）℃的环境中，静置 1 ~ 2 d。然后对试压块进行编号、拆模，再放入标准养护箱进行养护［温度为（20±2）℃，相对湿度在 95% 以上］。

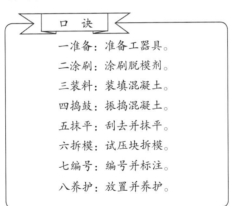

```
                 ▷ 口  诀 ◁
    一准备：准备工器具。
    二涂刷：涂刷脱模剂。
    三装料：装填混凝土。
    四捣鼓：振捣混凝土。
    五抹平：刮去并抹平。
    六拆模：试压块拆模。
    七编号：编号并标注。
    八养护：放置并养护。
```

2.7 人工挖孔桩基础护壁

2.7.1 护壁的作用及设计原则

1. 护壁的作用

护壁的主要作用是防止在施工过程中发生孔壁垮塌，保护施工人员的人身安全，同时确保挖孔桩顺利成孔。

2. 护壁的设计原则

（1）采用弹性理论，对人工挖孔桩孔壁侧压力进行分析和计算，判断是否需要采取护壁措施。

（2）根据具体情况，按薄圆筒和厚圆筒的力学性状进行护壁的内力分析并进行设计。

2.7.2 危险及预控措施

护壁制作过程中存在孔壁坍塌、物体打击、人员中毒窒息及高处坠落等危险，需要根据具体情况采取相应的预控措施，确保施工过程安全可靠。相应的预防措施有以下几点。

（1）当护壁的混凝土强度达到设计强度的 70% 后，方可进行下一段基坑土石方开挖施工。

（2）作业过程中，坑口堆土距坑边应不小于 1.0 m，且在底盘扩孔范围外。堆土高度不超过 1.5 m。

（3）坑内作业应坚持"先通风、再检测、后作业"的原则。

（4）上、下基坑时，应使用软梯、全方位防冲击安全带、防坠器等。

2.7.3 设备、耗材及工器具的准备

1. 设备、耗材及工器具的准备清单

护壁制作前需提前准备搅拌机、振动棒、护壁模板、钢管、台秤、方铲、料桶、钢筋扎钩等工器具和耗材，见表 2.7-1。

表 2.7-1 设备、耗材及工器具的准备清单

名称	数量	名称	数量
搅拌机	1 台	方铲	2 把
振动棒	1 根	料桶	2 个
钢筋扎丝（细钢丝）	5 kg	钢筋扎钩	2 把
钢管	4 根	护壁模板	1 套
台秤	1 台	铁丝	10 kg

2. 主要工器具介绍

护壁模板按材质可分为木模板和钢模板两种，施工现场采用较多的是钢模板，如图 2.7-1 所示。为便于安装和运输，护壁模板由数块小模板组合而成，各小模板间使用螺栓

连接，形状呈"喇叭"状。

图 2.7-1

2.7.4　人工挖孔桩基础护壁制作流程

挖孔桩护壁的主要工序包括：基础护壁开挖、绑扎护壁钢筋、护壁模板支护、护壁混凝土浇筑、护壁混凝土拆模，如图 2.7-2 所示。

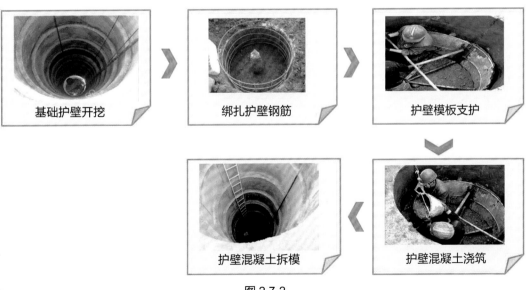

图 2.7-2

1. 基础护壁开挖

（1）基坑每开挖 0.8 ~ 1.0 m 就须进行护壁，上下节护壁搭接长度不得小于 75 mm，如图 2.7-3 所示。

图 2.7-3

（2）开挖完成后应检查基坑护壁尺寸是否满足不少于 $D+2d$（D 为人工挖孔桩基础尺寸；d 为基础护壁厚度）的要求，否则需进行修正。

人工挖孔桩护壁开挖深度应按照设计要求，开挖到一定深度后对成孔尺寸进行复核。

2. 绑扎护壁钢筋

（1）护壁竖向钢筋间距及环向钢筋间距均不大于 200 mm；环向钢筋应闭环，搭接长度取 $47d$ 且两端设置 180° 弯钩，钩于竖向钢筋上；上下节护壁竖向钢筋采用钢丝绑扎搭接，搭接长度不小于 300 mm；环向钢筋与竖向钢筋之间采用细钢丝绑扎连接。

（2）使用细钢丝和钢筋扎钩绑扎护壁钢筋，绑扎时应注意竖向钢筋的间距、环向钢筋的间距以及钢筋搭接的长度，如图 2.7-4 所示。

图 2.7-4

3. 护壁模板支护

（1）根据基础断面，选取护壁模板。将分成数块的模板用螺栓连接成一个整体。端口尺寸大的一端朝下，端口尺寸小的一端朝上，并对模板进行找正，如图 2.7-5 所示。

图 2.7-5

（2）支护模板时要将模板中心与桩孔中心位置重合。模板内圈使用钢管作为临时支撑，确保模板有足够的稳定性。在模板上、下端各设置一道支撑，如图2.7-6所示。

图2.7-6

4. 护壁混凝土浇筑

（1）使用搅拌机制作护壁混凝土。护壁混凝土强度应与基础本体混凝土相同，可使用台秤进行混凝土配合比计量。搅拌机如图2.7-7所示。

图2.7-7

（2）护壁混凝土应分层浇筑、振捣密实。振捣时，振动棒应遵循快插慢拔的原则，如图 2.7-8 所示。

图 2.7-8

5. 护壁混凝土拆模

（1）护壁混凝土强度达到设计强度的 70%（不低于 3 MPa）后方可拆模。根据现场施工经验，常温情况下养护 48 h 即可拆模，如图 2.7-9 所示。

图 2.7-9

（2）当护壁强度达到拆模要求后，方可进行下一段基坑土石方开挖施工，如图 2.7-10 所示。

图 2.7-10

2.7.5 可迁移知识点

人工挖孔桩基础护壁制作流程适用于不同断面尺寸的基础护壁。

```
┌─────────────────────────────────────┐
│            口   诀                   │
│  一开挖：节节开挖心不急。            │
│  二绑扎：钢筋布好须绑扎。            │
│  三支模：模板支护应牢固。            │
│  四浇筑：浇筑强度不能低。            │
│  五拆模：达强拆模再开挖。            │
└─────────────────────────────────────┘
```

2.8 挖孔桩基础混凝土拆模后（常规）养护

2.8.1 混凝土拆模养护的原因

（1）如果不及时进行混凝土养护，会导致混凝土中水分蒸发过快，造成脱水，使已形成凝胶体的水泥颗粒不能充分水化、不能转化为稳定的结晶及缺乏足够的黏结力。这样会导致混凝土表面出现片状或粉状脱落，影响混凝土工艺和质量。

（2）在混凝土尚未达到足够强度时，水分的过早蒸发会造成混凝土收缩变形，导致出现干缩裂纹，进而导致混凝土强度无法达到设计要求。

2.8.2 危险及预控措施

线路施工大多处于野外林区，因此对防火的要求较高。同时，由于基础养护需要浇水，故要注意地面湿滑，防止摔伤。

2.8.3 工器具和耗材的准备

基础养护需提前准备毛刷、美工刀、水桶、透明胶带等工器具和耗材等，见表2.8-1。

表 2.8-1 工器具和耗材的准备

名称	数量	单位	名称	数量	单位
钢丝刷	1	把	塑料薄膜	1	卷
水桶	1	个	透明胶带	若干	卷
美工刀	1	把	毛刷	1	把

2.8.4 挖孔桩基础（常规）养护的主要工序

挖孔桩基础（常规）养护的主要工序包括：混凝土拆模、混凝土表面杂质清理、浇水湿润混凝土表面、在混凝土表面覆盖细沙并保持湿润、在混凝土外露部分覆盖薄膜。

1. 混凝土拆模

混凝土拆模是指将模板外围钢箍拆松后，取下钢箍，最后拆除模板，如图2.8-1所示。

工程名称：泸州—泸州东 500 kV 线路工程

施工部位：N18 腿

图 2.8-1

2. 混凝土表面杂质清理

混凝土表面杂质清理主要有两个环节：一是用钢丝刷清理地脚螺栓表面及其与基

础接触处的混凝土残渣（图 2.8-2），二是用毛刷将基础表面的混凝土残渣清理干净（图 2.8-3）。

图 2.8-2

图 2.8-3

3. 浇水湿润混凝土表面

对混凝土表面浇水时，水中氯离子含量不应超过 25 ppm，注意要将混凝土外表面充分润湿，如图 2.8-4 所示。

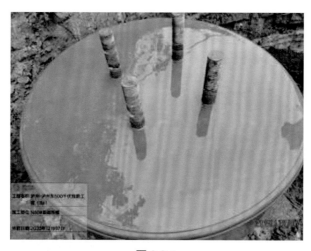
图 2.8-4

4. 在混凝土表面覆盖细沙并保持湿润

使用细沙将混凝土表面均匀覆盖，同时使用洒水壶向细沙浇水，使其保持湿润，如图 2.8-5 所示。

图 2.8-5

5. 在混凝土外露部分覆盖薄膜

（1）选取不透水汽的塑料薄膜，如图 2.8-6 所示。

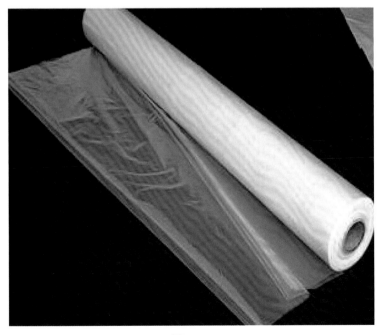

图 2.8-6

（2）对基础外露部分的混凝土先用塑料薄膜覆盖，接头处用透明胶带进行密封。然后将基础立柱与薄膜交接处以细土进行掩压，确保密封效果良好，保持薄膜内有凝结水，如图 2.8-7 所示。

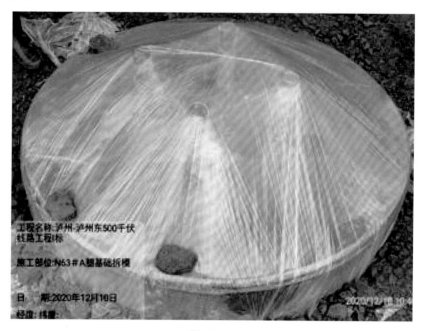

图 2.8-7

2.8.5　混凝土拆模后的养护要求

（1）应对混凝土使用蓄水、浇水或覆盖洒水等措施进行养护。

（2）一般在混凝土表面处于潮湿状态时，迅速使用麻布、草帘、细沙等材料将混凝土暴露面覆盖或包裹，再用塑料薄膜或帆布等包裹麻布、草帘、细沙等保湿材料。

（3）用塑料薄膜或帆布等全方位包裹整个基础表面及外露部分的立柱，包裹完成后塑料薄膜或帆布等应完好无损、彼此衔接良好，能与混凝土表面形成不透气的密闭空间，保证内表面上形成凝结水珠。

（4）包裹前应充分湿润保湿材料，且尽量延长包覆保湿的养护时间（确保养护时间不少于 7 d）。完成后方可进行下步工序的操作。

2.8.6　小结

（1）人工挖孔桩基础混凝土拆模后（常规）养护流程同样适用于板式基础混凝土拆模后的（常规）养护。

（2）当昼夜平均气温低于5℃或最低气温低于－3℃时，应按冬季施工措施进行混凝土养护。当环境温度低于5℃时，禁止对混凝土表面进行洒水养护。此时，可在混凝土表面喷涂养护液，并采取适当保湿措施。

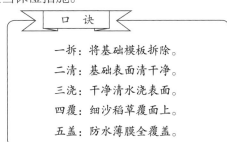

口 诀

一拆：将基础模板拆除。
二清：基础表面清干净。
三浇：干净清水浇表面。
四覆：细沙稻草覆面上。
五盖：防水薄膜全覆盖。

2.9 直线塔人工挖孔桩基础分坑

2.9.1 工器具及耗材的准备

在进行基础分坑操作前，应准备好所需的工器具及耗材，见表2.9-1。

表 2.9-1　工器具及耗材的准备清单

名称	数量	单位	用途
经纬仪或全站仪	1	台	基础分坑
三脚架	1	个	基础分坑
花杆	1	套	确认方向及定点
30 m 钢卷尺	1	把	测量长度
5 m 钢卷尺	1	把	测量仪高、长度
塔尺	1	把	测量高差
榔头	1	把	用于锤打木桩
木桩	20	个	用于确定分坑及方向桩
小铁钉	50	颗	用于确定分坑及方向桩
计算器	1	台	用于分坑数据计算
图纸	1	套	按图施工

2.9.2 部分工器具简介

经纬仪与钢卷尺的使用范围不同，应根据现场实际情况选择合适的工器具。施工现场一般不使用皮卷尺，因为皮卷尺拉伸时会产生形变，影响测量精度。经纬仪及钢卷尺如图 2.9-1、图 2.9-2 所示。

图 2.9-1   图 2.9-2

2.9.3 直线塔人工挖孔桩基础分坑流程

1. 架设经纬仪、复核中心桩位置

架设、使用经纬仪时应注意对已校准仪器的保护，避免在测量过程中发生磕碰，影响仪器测量的准确度。复核中心桩位置是对原有中心桩位置的再校准，再以中心桩为起点进行测量。

在架设经纬仪和复核中心桩时应注意以下几点：

（1）架设经纬仪，使其中心对准塔位中心桩，如图 2.9-3 所示。

图 2.9-3

（2）复核中心桩位置。先将经纬仪视镜对准线路小号侧方向桩，再翻镜对准线路大号侧方向桩，确保中心桩与大小号侧方向桩在同一条直线上。

（3）当测量出线路中心桩位置有偏移时，需重新对中心桩位置进行测量校正。

2. 确定二等分线桩的位置

（1）将经纬仪对准正前方的方向桩，调整度数为 0°，以此作为基准，如图 2.9-4 所示。

图 2.9-4

（2）旋转经纬仪至 90° 和 270°，确定二等分线桩的位置（用木桩、钉子在地面上确认桩的位置），如图 2.9-5 所示。

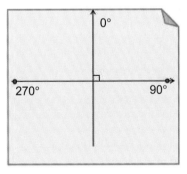

图 2.9-5

3. 基础分坑——确认塔腿 A 的位置

（1）将经纬仪面向 0° 的位置，向右旋转 45°，在目镜的视线上打下辅助桩 A，确定塔腿 A 到中心桩所在的直线，如图 2.9-6 所示。

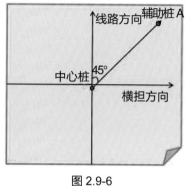

图 2.9-6

（2）根据图纸所标明的基础跟开、断面尺寸，在地上标注出塔腿 A 所在的位置，如图 2.9-7 所示。当地面不平整时，应先平整地面。

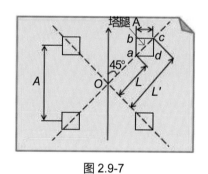

图 2.9-7

（3）由中心桩为起点，往辅助桩的方向量取距离为 L、L′ 的点，即为图 2.9-7 所示 a、c 点。

$$L = \frac{\sqrt{2}}{2}(A - K)$$

$$L' = \frac{\sqrt{2}}{2}(A + K)$$

式中：A—基础跟开；K—开挖坑口宽度。

（4）根据开挖坑口的宽度 K，用钢卷尺拉出 2K 的距离，卷尺 0 处放在 a 点，2K 距离处放在 c 点，拉直卷尺，ad、dc 的距离为 K，即可确定 b、d 两点的位置，如图 2.9-8 所示。

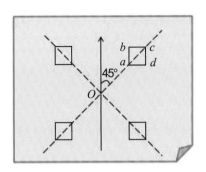

图 2.9-8

（5）a、b、c、d 点围成的图形即为坑口开挖的位置，如图 2.9-8 所示。

（6）当人工挖孔桩基础为圆形时，只需确认圆心的位置，然后用钢卷尺画圆，即可确定桩的位置，如图 2.9-9 所示。注：L'' 为对角半根开。

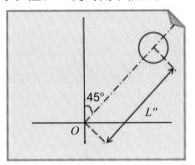

图 2.9-9

用钢卷尺确定塔腿 A 的位置时应尽量拉直，避免因操作带来的测量误差。最后还应对点进行测量检验，保证位置的准确性。

4. 基础分坑——确定塔腿 B、塔腿 C、塔腿 D 腿的位置

（1）将经纬仪面向 90° 的位置，向右旋转 45°，在视线上打下辅助桩 B，确定塔腿 B 到中心桩所在的直线，如图 2.9-10 所示，

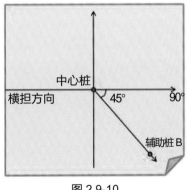

图 2.9-10

（2）按照确认塔腿 A 的方法对剩余的 3 个塔腿进行分坑测量。分坑测量时如果发现任何与设计不符的地方，应立即进行验证，如图 2.9-11 所示。

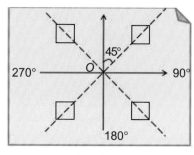

图 2.9-11

5. 验证

（1）使用经纬仪、钢卷尺测量 4 个塔腿到中心桩的对角半跟开是否与图纸一致，如图 2.9-12 所示。

图 2.9-12

（2）将经纬仪对准 A 腿所在方向，旋转目镜，观察塔腿 C、塔腿 A 与中心桩是否处于同一条直线，如图 2.9-13 所示。

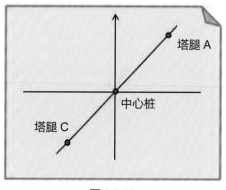

图 2.9-13

（3）重复以上步骤，测量塔腿 B、塔腿 D 是否在同一条直线上。

6. 人工挖孔桩基础分坑技术要点

（1）准备基础图纸、工器具；

（2）架设经纬仪、核对中心桩的位置；

（3）确定二等分线桩的位置；

（4）进行基础分坑测量；

（5）对分坑数据进行校核。

7. 扩展（基础分坑——高低腿）

当地形比较复杂，无法在一个平面分坑时，可选择使用斜距法对高低腿分坑进行测量。利用经纬仪测出目标点的垂直角（又称倾角），再量出目标点到仪器目镜中点的斜距，计算出平距，得到平距与设计值的差值，依此调整目标点的位置；然后再用斜距法进行计算，直到与设计值吻合，如图 2.9-14 所示。注意：用斜距法确定基础中心的位置时，应先平整中心处的地面。

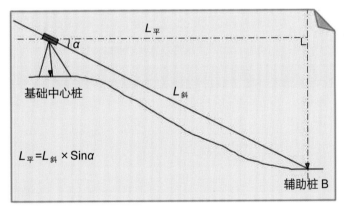

图 2.9-14

2.9.4　小结

相关标准、规范：

（1）《110kV ～ 750kV 架空输电线路施工及验收规范》（GB 50233—2014）；

（2）国网公司标准工艺库 2016 版；

（3）国网公司输变电工程质量通病防治措施；

（4）输变电工程施工质量验收统一表式（线路工程）。

```
┌──────────────────────────┐
│   口 诀                    │
├──────────────────────────┤
│   一架：架设经纬仪。        │
│   二核：复核中心桩。        │
│   三定：确定二等分。        │
│   四算：计算半根开。        │
│   五量：量出远近点。        │
│   六定：确定坑位置。        │
│   七重：重复 BCD。          │
│   八验：查验莫忘记。        │
└──────────────────────────┘
```

2.10 转角塔人工挖孔桩基础分坑（无位移）

2.10.1 工器具及耗材的准备

在进行基础分坑前，应先准备所需工器具及耗材，见表 2.10-1。

表 2.10-1 工器具及耗材的准备清单

名称	数量	单位	用途
经纬仪或全站仪	1	台	基础分坑
三脚架	1	个	基础分坑
花杆	1	套	确认方向及定点
30 m 钢卷尺	1	把	测量长度
5 m 钢卷尺	1	把	测量仪高、长度
塔尺	1	把	测量高差
榔头	1	把	用于锤打木桩
木桩	20	个	用于确定分坑及方向桩
小铁钉	50	颗	用于确定分坑及方向桩
计算器	1	台	用于分坑数据计算
图纸	1	套	按图施工

2.10.2　转角塔人工挖孔桩基础分坑（无位移）操作流程

1. 架设经纬仪、复核中心桩位置

（1）架设经纬仪，将中心对准塔位中心桩，如图 2.9-3 所示。

（2）复核中心桩位置。先将经纬仪视镜对准线路小号侧方向桩，经纬仪水平角归零后水平转动经纬仪，再对准线路大号侧方向桩，测量出水平角度数，与设计给的转角度数进行比较，如图 2.10-1 所示。当测量得到的转角度数超过误差范围时，需重新对中心桩位置进行测量、校正。

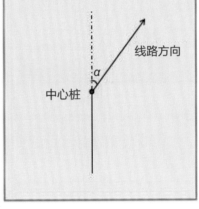

图 2.10-1

2. 确定二等分线桩的位置

（1）将经纬仪对准正前方方向桩，调整度数为 0°，以此作为基准，如图 2.9-4 所示。

（2）根据图纸计算线路方向到横担方向的度数。

（3）将经纬仪对准线路大号侧方向桩，向右旋转经纬仪，旋转度数为（180 − α）÷2，确定二等分线桩 B 的位置，再翻镜，确定二等分线桩 C 的位置，如图 2.10-2 所示。

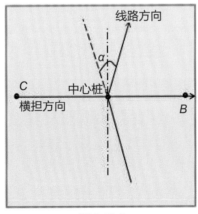

图 2.10-2

3. 基础分坑——确认塔腿 A 的位置

（1）将经纬仪对准二等分线桩 B（辅助桩 B）的方向，向左旋转 45°，在目镜的视线上打下辅助桩 A，确定塔腿 A 到中心桩所在的直线，如图 2.10-3 所示。

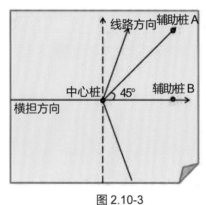

图 2.10-3

（2）根据图纸明确的基础跟开、断面尺寸，在地上标注出塔腿 A 所在位置。

（3）由中心桩为起点，往辅助桩的方向量取距离为 L、L' 的点，即为图 2.10-4 所示 a、c 点。

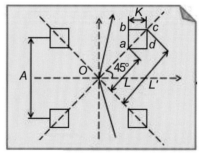

图 2.10-4

$$L = \frac{\sqrt{2}}{2}(A - K)$$

$$L' = \frac{\sqrt{2}}{2}(A + K)$$

式中：A—基础跟开；K—开挖坑口宽度。

（4）根据开挖坑口的宽度 K，用钢卷尺拉出 $2K$ 的距离，卷尺 0 处放在 a 点，$2K$ 距离处放在 c 点，拉直卷尺，ad、dc 的距离为 K，即可确定 b、d 点的位置，如图 2.10-5 所示。

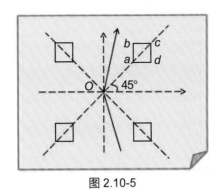

图 2.10-5

（5）a、b、c、d 点围成的图形即为坑口开挖的位置，如图 2.10-5 所示。

（6）当人工挖孔桩基础为圆形时，只需确认圆心的位置，然后用钢卷尺画圆，即可确定桩的位置，如图 2.9-9 所示。注意：L'' 为对角半根开。

4. 基础分坑——确定塔腿 B、塔腿 C、塔腿 D 的位置

（1）将经纬仪对准辅助桩 B 的方向，向右旋转 45°，在视线上打下辅助桩 C，确定塔腿 B 到中心桩所在的直线，如图 2.10-6 所示。

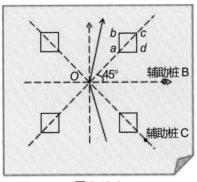

图 2.10-6

（2）按照确认塔腿 A 的方法对剩余的塔腿进行分坑测量。分坑测量时如果发现任何与设计不符的地方，应立即进行验证，如图 2.10-7 所示。

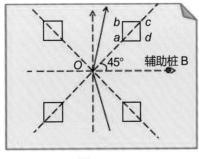

图 2.10-7

5. 验证

（1）使用经纬仪、钢卷尺测量 4 个塔腿到中心桩的对角半跟开是否与图纸一致。

（2）将经纬仪对准塔腿 A 所在方向，旋转目镜，观察塔腿 C、塔腿 A 与中心桩是否处于同一条直线，如图 2.10-8 所示。

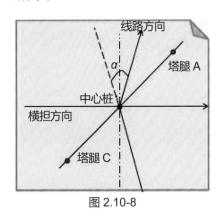

图 2.10-8

（3）同样的方法测量塔腿 B、塔腿 D 与中心桩是否处于同一条直线。

2.11 转角塔人工挖孔桩基础分坑（有位移）

2.11.1 工器具及耗材的准备

在进行基础分坑操作前，应先准备所需工器具及耗材，见表 2-11-1。

表 2.11-1 工器具及耗材的准备清单

名称	数量	单位	用途
经纬仪或全站仪	1	台	基础分坑
三脚架	1	个	基础分坑
花杆	1	套	确认方向及定点
30 m 钢卷尺	1	把	测量长度
5 m 钢卷尺	1	把	测量仪高、长度
塔尺	1	把	测量高差
榔头	1	把	用于锤打木桩

续表

名称	数量	单位	用途
木桩	20	个	用于确定分坑及方向桩
小铁钉	50	颗	用于确定分坑及方向桩
计算器	1	台	用于分坑数据计算
图纸	1	套	按图施工

2.11.2 转角塔人工挖孔桩基础分坑（有位移）操作流程

1. 架设经纬仪、复核中心桩位置

具体操作同"2.10.2 转角塔人工挖孔桩基础分坑（无位移）操作流程"。

2. 确定二等分线桩的位置

具体操作同"2.10.2 转角塔人工挖孔桩基础分坑（无位移）操作流程"。

3. *位移中心桩*

从线路中心桩 E 点在杆塔内角平分线上（BC 点连线）按设计的中心位移距离向内角侧移动至 O 点，以 O 点为基准，再对杆塔进行分坑，如图 2.11-1 所示。

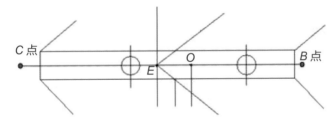

E 点为线路中心桩位置；
O 点为杆塔中心桩位置

图 2.11-1

中心桩应根据设计距离进行位移，在位移测量完毕后要对两个中心桩进行保护，如图 2.11-2 所示。

图 2.11-2

4. 基础分坑——确认塔腿 A 位置

具体操作同"2.10.2 转角塔人工挖孔桩基础分坑（无位移）操作流程"。

5. 基础分坑——确定塔腿 B、塔腿 C、塔腿 D 的位置

具体操作同"2.10.2 转角塔人工挖孔桩基础分坑（无位移）操作流程"。

6. 测量验证

具体操作"同 2.10.2 转角塔人工挖孔桩基础分坑（无位移）操作流程"。

2.12 输电线路组塔抱杆

2.12.1 抱杆的定义及分类

抱杆是输电线路施工中用于起吊、组装铁塔的重要起重工具之一，按照材质可分为木质抱杆、钢质抱杆、合金抱杆等，按照结构组成可分为人字抱杆、格构式抱杆等，按照使用方式可分为倒落式抱杆、附着式抱杆、悬浮抱杆、平臂抱杆、摇臂抱杆等。其中，悬浮抱杆、平臂抱杆、摇臂抱杆较为多见，如图 2.12-1 所示。

| （1）悬浮抱杆 | （2）平臂抱杆 | （3）摇臂抱杆 |

图 2.12-1

1. 悬浮抱杆

悬浮抱杆常采用格构式结构，由主柱、腰环、抱杆帽和抱杆底座四部分组成，如图2.12-2所示。其中，主柱由若干杆段通过螺栓连接而成；腰环是在提升抱杆时保护抱杆的工具；抱杆帽的四角有连接抱杆拉线的挂环，四面有连接起吊滑车组的挂环，顶部安装有朝天滑车，以使抱杆的顶部能够旋转；抱杆底座的四角有连接承托绳的挂环，四面有连接提升抱杆滑车组的挂环。

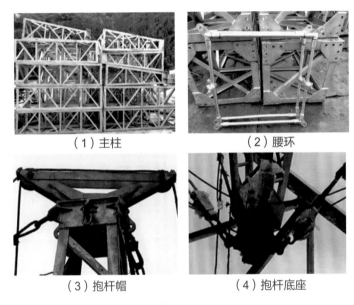

（1）主柱　　　　　　　　　（2）腰环

（3）抱杆帽　　　　　　　　（4）抱杆底座

图 2.12-2

悬浮抱杆配套的工器具有承托绳、上拉线、磨绳、吊点绳、绞磨、手扳葫芦、卸扣、滑车、溜放器、地锚、元宝卡等。

2. 平臂抱杆

平臂抱杆由塔顶、回转机构、电控系统、拉杆、载重小车、吊钩、腰环、回转支承、上支座等组成，如图2.12-3所示。平臂抱杆的起升钢丝绳一端固定在地面的起升机构内，分别经过下支座、桅杆、平臂的根部、变幅小车，起升钢丝绳的另一端固定在平臂的外端部，所述塔身通过设置在塔身底部的顶升套架顶升。

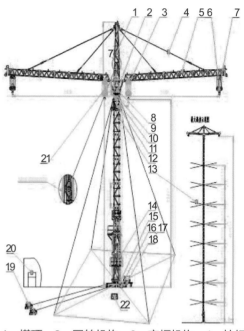

1—塔顶；2—回转机构；3—变幅机构；4—拉杆；
5—吊臂；6—载重小车；7—吊钩；8—回转塔身；
9—上支座；10—回转支承；11—下支座；12—塔身；
13—腰环；14—套架；15—底架基础；16—基础底板；
17—引进组件；18—起升机构；19—电控系统（含太空
舱司机室）；20—电子式超重量限制器；21—混凝土基础；
22—工具箱

图 2.12-3

3. 摇臂抱杆

摇臂抱杆主要由塔顶、吊臂、吊钩、标准节、过渡节、套架、底架基础、基础底板等组成，如图 2.12-4 所示。摇臂抱杆竖立在铁塔中心的地面，利用已组塔架设置多层腰环拉线对抱杆进行固定。采用可旋转摇臂起吊，吊件可垂直起升、水平旋转，并通过起升和降落摇臂进行调幅；吊件起升、调幅各使用两台双筒机动绞磨作为驱动装置；吊臂水平旋转采用风绳控制。

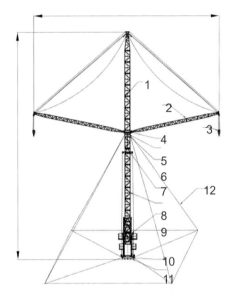

1—塔顶；2—吊臂；3—吊钩；4—上支座；
5—回转支承；6—下支座；7—过渡节；8—标准节；
9—套架；10—底架基础；11—基础底板；
12—下支座拉线

图 2.12-4

2.12.2 抱杆的检查

1. 悬浮抱杆的检查

（1）竖立抱杆前，应检查接头螺栓是否拧紧，检查抱杆帽、抱杆底座及相应拉线是否按规定配齐，规格是否符合要求。

（2）利用人字抱杆组立抱杆时，要确保人字抱杆规格、布置符合作业指导书的要求。

（3）起立抱杆前，抱杆根部制动绳应收紧。

（4）内拉线抱杆在提升过程中应设置两道腰拉线，以保证抱杆基本处于竖直状态。

（5）内拉线抱杆在提升过程中应注意腰环是否有卡阻现象，如有应暂停提升，待处理后再继续提升。

（6）抱杆拆除前，应检查起吊抱杆牵引绳是否收紧，收紧后方可解开承托绳。

（7）抱杆落到塔顶以下位置时，检查牵引绳是否绑扎在抱杆顶端位置，抱杆帽与抱杆必须用螺栓连接稳固。

2. 平臂抱杆的检查

（1）检查基础：检查电缆通过情况，以防损坏。

（2）检查塔身：检查塔身连接螺栓是否紧固。

（3）检查上下支座：①检查与回转支承连接的螺栓是否紧固；②检查电缆的通过情况。

（4）检查塔顶：①检查吊臂的安装情况；②检查塔顶中间过渡滑轮的连接情况；③保证起升钢丝绳穿绕正确。

（5）检查吊臂：①检查各处连接销轴、开口销和螺栓的安装；②检查滑轮组的安装；③检查起升、变幅钢丝绳的穿绕及固定情况；④检查载重小车的安装和运行情况。

（6）检查吊具：①检查吊钩的防脱装置是否安全、可靠；②检查吊钩有无影响使用的缺陷；③检查起升、变幅钢丝绳的规格、型号是否符合要求；④检查钢丝绳的磨损情况及绳端的固定情况。

（7）检查机构：①检查各机构的安装、运行情况；②检查各机构制动器的间隙调整是否合适；③检查各钢丝绳绳头的压紧有无松动。

（8）检查安全装置：检查各安全保护装置是否按说明书的要求调整合格。

（9）检查润滑情况：根据使用说明书的要求检查润滑油油位及润滑点。

（10）检查钢丝绳：检查起升、变幅钢丝绳穿绕是否正确及是否有干涉。

3. 摇臂抱杆的检查

（1）应检查抱杆组装是否端正、竖直。注意，连接螺栓规格必须符合设计规定，且应全部拧紧。

（2）抱杆应坐落在平整、坚实、稳固的地基上，若为软地基应垫碎石、方木等，以防抱杆下沉。

（3）倒装提升抱杆时，每提升一次，限接装抱杆一段。如果抱杆接续段小于 3 m 需一次接两段时，必须在地面先将两段组装成一段后再进行接装。

（4）提升抱杆时最少应设置两道腰环拉线。注意检查固定腰环的四角钢丝绳是否呈水平状态并收紧，两道腰环的垂直距离不得少于 4 m。

（5）提升和拆除抱杆时，应设专人观察，如发现抱杆发生卡阻等异常现象，必须处理后再继续提升和拆除抱杆。

2.13 悬浮抱杆组塔施工工艺

2.13.1 现场布置

悬浮抱杆由抱杆承托系统（下拉线）、抱杆上拉线系统、起吊系统、牵引系统、抱杆提升系统等组成。

1. 抱杆承托系统

（1）承托系统的作用及组成。

承托系统起着支撑和稳固抱杆的作用。承托系统是利用已组立好的塔身段，通过承托系统和上拉线系统使抱杆悬浮于塔身桁架中心来起吊待装塔构件的。

抱杆承托系统由四根等长的钢丝绳、卸扣、抱杆平衡滑车、角钢夹具等组成。钢丝绳一端与抱杆底座相连，钢丝绳另一端宜通过角钢专用夹具设置在主材节点上方。

（2）承托系统的布置要点。

①承托绳应等长，并安装在铁塔施工孔上。当铁塔无施工孔时，承托绳与主材连接处应设置专门夹具，且夹具的握着力应满足承托绳的承载能力。

②承托绳应固定在铁塔主材节点的上方。

③两对角承托绳的夹角应不大于90°。

（3）承托系统的布置。

承托系统的布置如图 2.13-1 所示。

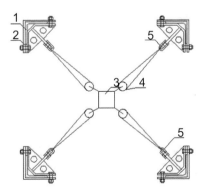

1—主材角钢；2—角钢夹具；3—抱杆；
4—承托平衡滑车；5—卸扣

图 2.13-1

2. 抱杆上拉线系统

（1）上拉线系统的作用及组成。

上拉线起着稳定和平衡吊件的作用。上拉线系统由四根钢丝绳、卸扣、滑车、手扳葫芦及锚固装置组成。

内悬浮抱杆组塔施工工艺，分为内拉线、外拉线两种。

（2）上拉线系统的布置要点。

①内拉线：两内拉线平面与抱杆的夹角应不小于 15°，内拉线与水平面夹角应满足抱杆稳定性要求。

②外拉线：抱杆外拉线与水平面夹角应满足抱杆强度和稳定性要求，且不大于 45°。外拉线地锚宜位于与基础中心线夹角为 45° 的延长线上，离基础中心的距离应不小于塔高的 1.2 倍。

（3）上拉线系统布置。

①内拉线系统的布置方式。

内拉线上端用卸扣固定在抱杆顶部的上拉线板孔上，将四根抱杆的上拉线经过已组立塔身上端靠近节点处的腰部转向滑车，沿塔身主材内侧引下设置于塔腿，通过塔腿施工孔设置转向滑车，将缓松器锚固在相邻塔腿施工孔，并根据抱杆提升高度展放内拉线。抱杆内拉线的下端应绑扎在靠近塔架上端的主材节点下方。内拉线系统布置如图 2.13-2 所示。

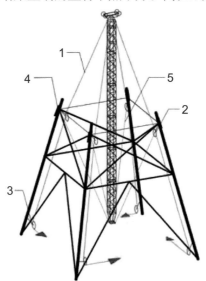

1—拉线；　　2—转向滑车；　　3—转向滑车；　　4—角钢夹具；　　5—承托绳

图 2.13-2

②外拉线系统的布置方式。

外拉线系统由四根钢丝绳及锚固装置组成，拉线上端用卸扣固定在抱杆顶部的上拉线板孔上，下端将缓松器和手扳葫芦锚固在地锚上。施工中根据抱杆提升高度，展放外拉线。外拉线系统布置如图 2.13-3 所示。

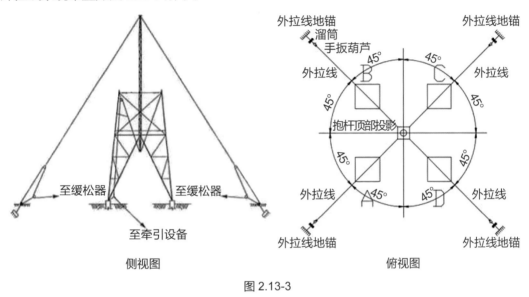

图 2.13-3

3. 起吊系统

（1）起吊系统的作用及组成。

起吊系统用于吊装构件。起吊系统由起吊钢丝绳、起吊滑车（组）、转向滑车等组成。

（2）起吊系统的布置。

①起吊钢丝绳与抱杆夹角应控制在 20° 以内，其一端与塔材侧连接后，依次通过抱杆侧起吊滑车（组）、塔材侧的动滑车、抱杆朝天滑车、塔身腰滑车、塔底转向滑车、绞磨。

②塔底转向滑车采用三眼联板，将钢丝绳通过卸扣与塔脚施工孔连接，塔底转向滑车夹角不大于 120°。起吊系统布置如图 2.13-4 所示。

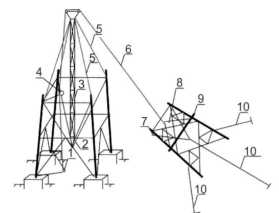

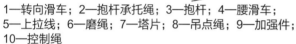

1—转向滑车；2—抱杆承托绳；3—抱杆；4—腰滑车；
5—上拉线；6—磨绳；7—塔片；8—吊点绳；9—加强件；
10—控制绳

图 2.13-4

4. 牵引系统的布置

牵引系统按对角线方向布置在主要吊装面的侧面，以不磨铁为宜；牵引绳规格为 $\phi15$ 的钢丝绳，一般选用 50 kN 级绞磨作牵引动力。

牵引装置及地锚与铁塔基础中心的距离应不小于 40 m，牵引系统布置如图 2.13-5 所示。

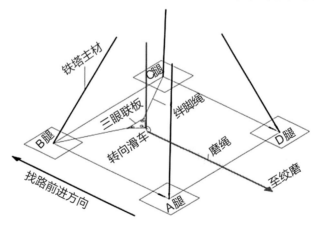

图 2.13-5

5. 抱杆提升系统的布置

（1）腰滑车用 $\phi13$ 钢丝绳套、50 kN 卸扣固定在铁塔主材节点处，防止牵引绳与抱杆或塔段之间发生碰撞。钢绳套的长度应尽量短。

（2）为了防止抱杆倾倒，应在抱杆上设置两道腰环，并收紧固定在四根主材上。

（3）两道腰环的垂直间距不宜小于 6 m。

抱杆提升系统布置如图 2.13-6 所示。

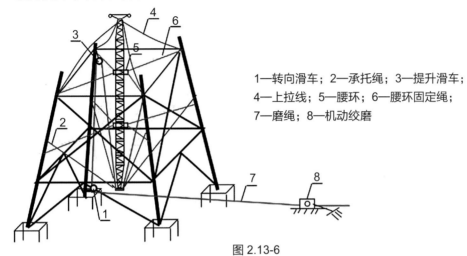

1—转向滑车；2—承托绳；3—提升滑车；
4—上拉线；5—腰环；6—腰环固定绳；
7—磨绳；8—机动绞磨

图 2.13-6

2.13.2 悬浮抱杆的施工流程

悬浮抱杆的施工流程如图 2.13-7 所示。

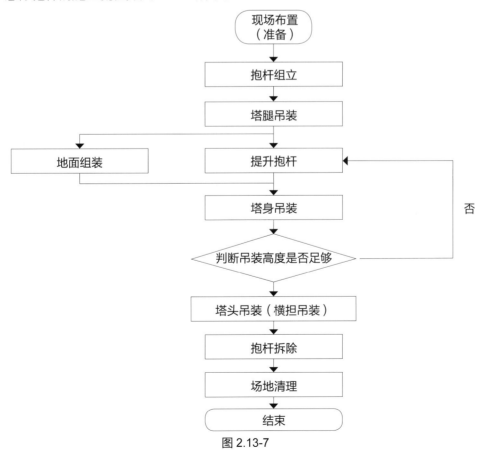

图 2.13-7

2.13.3 悬浮抱杆组塔施工

1. 抱杆组立

抱杆常采用人字抱杆组立。

（1）布置要点。

①在抱杆底部利用塔腿设置两根制动绳。

②在抱杆上端起立方向反侧设置八字形控制绳。

③在抱杆布置反方向的适当位置通过转向地锚设置一个转向滑车。

④将磨绳绳头固定于辅助抱杆顶部，随后穿过转向滑车引至机动绞磨。

⑤使用适当长度的钢丝绳连接抱杆起吊点与辅助抱杆。

（2）布置示意图。

人字抱杆组立示意图如图 2.13-8 所示。

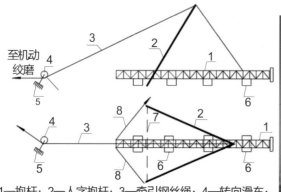

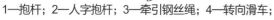

1—抱杆；2—人字抱杆；3—牵引钢丝绳；4—转向滑车；
5—地锚；6—垫木；7—人字抱杆根开绳；8—制动绳

图 2.13-8

2. 塔腿吊装

（1）塔腿吊装方式。

①根据地形条件、塔腿重量和结构，塔腿吊装可采取先组装塔腿后立抱杆，使用吊车吊装或使用抱杆吊装。

②当采用抱杆吊装时，塔腿可采用分片吊装，也可采用先单吊主材再吊装斜材的方式。

（2）塔腿主材起吊系统。

塔腿主材起吊系统布置如图 2.13-9 所示。

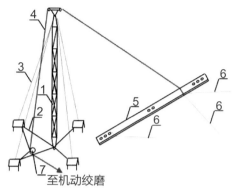

1—抱杆；2—抱杆底部制动绳；3—上拉线；4—钢丝绳；
5—铁塔腿部主材；6—控制绳；7—转向滑车

图 2.13-9

3. 塔身吊装

（1）进行塔身吊装操作时，应使抱杆适度向吊件侧倾斜，倾斜角度不宜超过 10°。

（2）倒 V 形吊点绳绑扎点应在吊件重心以上的主材节点处。

（3）倒 V 形吊点绳应由两根等长的钢丝绳通过卸扣连接，两吊点绳之间的夹角不得大于 120°。

（4）塔身吊装过程中，用控制绳控制塔片与已安装好的塔身和抱杆保持一定的距离。

（5）当塔片吊到安装高度时，应调节抱杆、控制绳张力和塔片的高度，使塔片就位。

塔身吊装如图 2.13-10 所示。

图 2.13-10

4. 抱杆提升

（1）抱杆提升施工要点。

①铁塔组立到一定高度，塔材全部装齐且紧固螺栓后即可提升抱杆。

②提升过程中应设置两道腰环，将腰环拉索收紧并固定在四根主材上。两道腰环的间距不得小于 6 m。抱杆高出已组塔体的高度，应满足使待吊段顺利就位的要求。

③将提升抱杆磨绳的端头固定在主材大节点上，在对角主材挂一个提升滑车，磨绳通过提升滑车、地滑车、转向滑车进绞磨，提升时由两道腰环及落地拉线控制抱杆。

④在提升抱杆的过程中，应设专人对腰环和抱杆进行观察。提升抱杆时应同步缓慢放松拉线，使抱杆始终保持竖直状态。

⑤抱杆提升到预定高度后，将承托绳固定在主材节点的上方。

⑥抱杆固定后，应收紧拉线，调整腰环呈松弛状态。同时调整抱杆的倾斜角度，以便被吊构件就位。

（2）抱杆提升系统布置如图 2.13-11 所示。

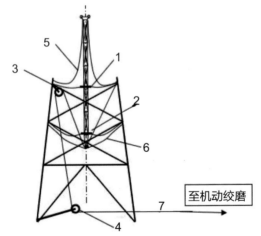

1—上腰环；2—下腰环；3—腰滑车；4—地滑车；
5—上拉线；6—承拖绳；7—牵引绳

图 2.13-11

5. 塔头吊装

开展塔头吊装工作前，应根据各种塔头的结构特点、重量参数，计算并确定合理的吊装顺序及吊装方案。双回干字塔塔头吊装如图 2.13-12 所示。

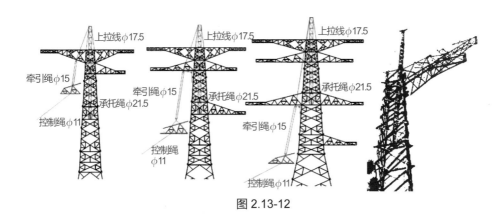

图 2.13-12

6. 抱杆拆除

（1）在铁塔顶端主材正中位置设置一个 5 t 滑车作为悬挂点。

（2）用捆绑绳固定抱杆，取下抱杆上的磨绳，并将磨绳头部穿过提升滑车，穿绕在抱杆第三节与第四节连接处并固定，再拆除抱杆 4 根上拉线。

（3）启动绞磨，提升抱杆至承托绳松动为止，再拆除承托绳。

（4）缓慢松动绞磨，使抱杆顶部降至距塔身顶部 0.5 m 处，停止松动绞磨。

（5）用钢丝绳套把抱杆顶部和磨绳相连，以防抱杆在下降过程中倾倒。

（6）缓慢松动绞磨，直到抱杆降落至距地面 1 m 处时，停止松动绞磨。

（7）如抱杆不能从塔腿大斜材处拉出，应在抱杆底部降至地面后，先将抱杆固定在塔身上，再把磨绳头移至抱杆顶部固定，由下到上分段拆除。

（8）拆除抱杆时应采取相应措施防止拆除段自由倾倒。逐段拆除时严禁提前拧松或拆除部分连接螺栓。

2.14　摇臂抱杆组塔施工工艺

2.14.1　摇臂抱杆组塔工艺原理、特点和要求

1. 摇臂抱杆组塔工艺原理

摇臂抱杆就像一个"巨人"站在塔位中心。调幅绳负责收拢和打开"巨人"的双臂（吊

臂），使其可以伸展到起吊点和进位点。牵引绳通过双臂末端滑车的收放进行起吊。摇臂抱杆如图 2.14-1 所示。

图 2.14-1

2. 摇臂抱杆组塔工艺特点

摇臂抱杆组塔工艺有以下特点。

（1）采用可旋转双摇臂起吊，吊件可垂直起升、水平旋转，并通过起升和降落摇臂进行变幅等作业；

（2）吊件起升、变幅各使用两台 5 t 机动绞磨作为驱动装置；

（3）吊臂水平旋转采用风绳控制，在不需要旋转时应锁死旋转限位装置；

（4）吊件不可同时进行升降、变幅和旋转等作业。

3. 摇臂抱杆组塔施工要求

（1）可采取分段、分片方式平衡两边的重量（应在额定限重以下）。

（2）对于不能拆解的部分，或是拆分后不利于组立的部分，应使用抱杆的标准节进行配重。

2.14.2 摇臂抱杆的组成

1. 抱杆底座

抱杆底座由底架基础与基础底板组成。抱杆底座的作用是支撑整个系统的受力，将抱杆本体重量、吊件重量等受力全部传递至地面，如图 2.14-2 所示。

图 2.14-2

2. 抱杆套架

抱杆套架由液压顶升套架和套架拉线构成,主要用于顶升抱杆(塔顶、标准节、过渡节、回旋机构),如图 2.14-3 所示。

图 2.14-3

3. 桅杆

塔顶桅杆由塔顶锥段与标准节组成。

桅杆的作用:系统的牵引绳和调幅绳通过锥段导向滑车,起到收放吊臂的作用,桅杆如图 2.14-4 所示。

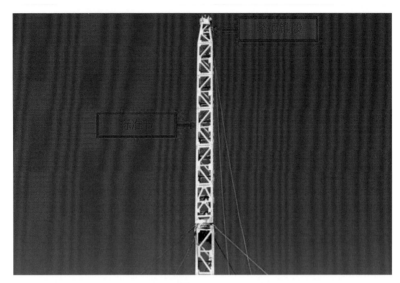

图 2.14-4

4. 吊臂

吊臂由臂根节、臂标准节及臂头节组成。

摇臂抱杆通过吊臂将工作幅度展开，如图 2.14-5 所示。

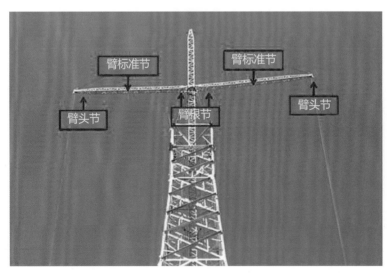

图 2.14-5

5. 抱杆标准节

同一厂家的相同型号的抱杆标准节应具有互换性（如 T2D48 抱杆标准节长度为 2 m）。

标准节如图 2.14-6 所示。

图 2.14-6

6. 过渡节及导向滑车

过渡节及导向滑车如图 2.14-7 所示。

（1）过渡节：过渡节又称加强节，起到加强抱杆强度的作用。

（2）导向滑车：将调幅绳以及牵引绳导向抱杆外与底座导向滑车相连接。

图 2.14-7

7. 回旋机构

回旋机构由上支座、回转支承及下支座组成，主要用于旋转吊臂，使其达到吊装就位点，如图 2.14-8 所示。

图 2.14-8

8. 腰环

腰环主要起到稳定抱杆，防止抱杆倾倒的作用，如图 2.14-9 所示。

图 2.14-9

9. 吊钩

吊钩是起重机械中最常见的一种吊具，一般借助滑轮组等部件悬挂在起升机构的钢丝绳上，如图 2.14-10 所示。

图 2.14-10

10. 动力设备

摇臂抱杆的动力设备通常由四台双滚筒绞磨组成。起吊、调幅各使用两台 5 t 绞磨。

四套绞磨布置在顺线路前进方向的大号侧或小号侧，牵引装置与铁塔中心的距离应不小于塔高的 1/2 且不小于 40 m，动力设备如图 2.14-11 所示。

图 2.14-11

11. 配套工器具

配套工器具见表 2.14-1。

2.14-1　配套工器具清单

序号	名称	常见规格	备注
1	底座拉线	ϕ21.5 钢丝绳	
2	套架落地拉线	ϕ21.5 钢丝绳	
3	回转下支座拉线	ϕ19.5 钢丝绳	
4	腰环拉线	ϕ15.0 钢丝绳	
5	吊点绳	ϕ21.5 钢丝绳	
6	接地线	25 mm² 裸铜软线	
7	卸扣	80 kN	
8	手扳葫芦	60 kN	
9	手扳葫芦	30 kN	
10	传递滑车	30 kN	
11	地锚	50 kN	

2.14.3　摇臂抱杆的安装

1. 安装底座

为防止抱杆下沉或倾斜，应在铁塔中心位置开凿尺寸为 2 m × 2 m 的平地，并进行场地平整。当场地土壤为普通土、黏性土等比较松软的土质时，应在平整的场地范围内先铺填直径为 100 mm 左右的石头，并进行夯实处理，然后再铺垫方木及钢板。

底座采用四组拉线，每组拉线采用一根钢丝绳套与一个手扳葫芦连接。拉线的一端固定在底架基础拉线孔上，另一端固定在基础立柱或塔座板工作孔上。

安装底座的步骤如图 2.14-12 所示。

第一步	第二步
夯实底板基础并将套架与底板连接	设置基础底板拉线并进行固定

图 2.14-12

2. 安装套架

套架采用四组拉线，每组由一根钢丝绳和一个手扳葫芦组成。拉线的一端固定在套架拉线孔上，另一端固定在基础塔腿或塔座板上。套架的安装步骤如图 2.14-13 所示。

第一步	第二步
套架起立（利用人字抱杆）	设置套架拉线

图 2.14-13

3. 安装杆段移动滑轨及引进小车

杆段移动滑轨及引进小车的安装步骤如图 2.14-14 所示。

图 2.14-14

4. 安装桅杆

桅杆的安装步骤如图 2.14-15 所示。

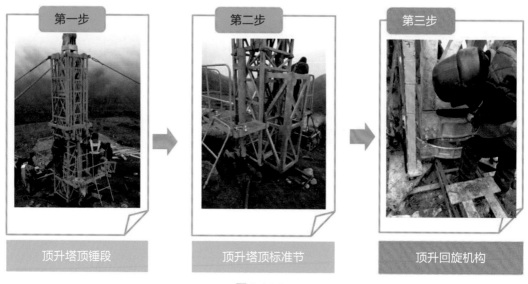

图 2.14-15

5. 安装杆身

杆身的安装步骤如图 2.14-16 所示。

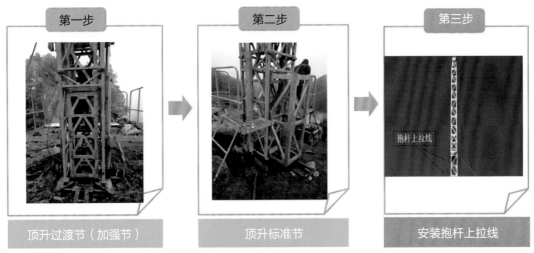

图 2.14-16

6. 安装抱杆吊臂及附件

抱杆吊臂及附件的安装步骤如图 2.14-17 所示。

图 2.14-17

7. 抱杆调试及试验

抱杆安装完成后必须进行调试及试验，合格后方能投入使用。

（1）空载试验。

首先手动操作各机构，运行数次；然后再进行三次综合运行；最后检查各结构部件有无异常，连接处有无松动和损坏。

（2）负荷试验。

在进行负荷试验前，必须在小幅度内吊重 1.1 倍额定起重量，调整好起升制动器，然后在最大幅度处分别吊重对应额定起重量的 25%、50%、75%、100%，并按要求进行试验。运行时，要注意观察机构及各结构部件有无异常。

（3）超载 25% 静态试验。

待空载试验、负荷试验合格后，再进行静态超载试验。

在最大幅度处以最低安全速度吊重 1.2 倍额定起重量，吊离地面 100 ~ 200 mm，并在吊钩上逐次增加重量到 1.25 倍额定起重量，停留 10 min。卸载后检查金属结构及焊缝是否出现可见裂纹及变形，连接处是否松动。

注意：静态超载试验不允许进行变幅及回转。

（4）超载 10% 动态试验。

在最大幅度处，吊重 1.1 倍额定起重量，进行两次综合运行，观察机构及各结构部件有无异常，连接处有无松动和损坏。

2.14.4　摇臂抱杆组塔施工流程

摇臂抱杆组塔施工流程如图 2.14-18 所示。

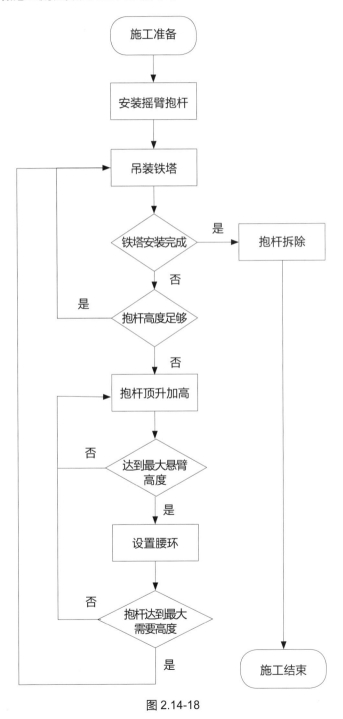

图 2.14-18

2.14.5 摇臂抱杆组塔施工

1. 施工准备

（1）工程负责人应对所有进场人员进行安全交底、技术交底、质量交底，并由相关负责人每日组织开站班会，如图 2.14-19 所示。

图 2.14-19

（2）工器具在进场前必须进行试验及验收，严禁不合格工器具进场，如图 2.14-20 所示。

图 2.14-20

（3）施工人员应对工器具分类放置，防止错用工器具。

（4）施工前，应提前布置现场施工区域。

2. 塔腿吊装

在进行塔腿吊装作业时，应根据塔腿根开尺寸、重量、分段特点采取适当的吊装方法。现场一般先吊装主材，再吊装斜材及叉材。塔腿吊装的步骤如图 2.14-21 所示。

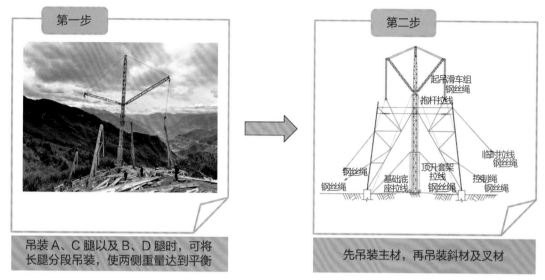

第一步

吊装 A、C 腿以及 B、D 腿时，可将
长腿分段吊装，使两侧重量达到平衡

第二步

先吊装主材，再吊装斜材及叉材

图 2.14-21

3. 塔身吊装

在进行塔身吊装作业时，应根据塔身根开尺寸、重量、分段特点采取适当的吊装方法。
当重量未超过允许吊重时，可选用前后或左右分片吊装的方式，如图 2.14-22 所示；当重
量过大时，应先吊装主材，再吊装叉材，如图 2.14-23 所示。

分片吊装

图 2.14-22

| 第一步 | 第二步 |

先吊装主材　　　　　　　再吊装叉材

图 2.14-23

4. 抱杆顶升

抱杆顶升步骤如图 2.14-24 所示。

第一步　　　　　　　第二步

顶升前，放松抱杆上拉线，每次顶升完成后要确保抱杆悬臂高度满足技术要求　　抱杆顶升过程中应根据要求安装腰环，并收紧腰环拉线。顶升完成后，必须及时收紧抱杆上拉线以保证抱杆稳固

图 2.14-24

　　每次抱杆顶升完成后，应在顺、横线路方向分别安排人员观察抱杆垂直度，再通过调整腰环拉线保证抱杆轴线垂直度误差不超过 1/1000。

5. 横担吊装

　　横担吊装采用自下而上的方式进行，即依次吊装下横担、中横担、上横担及地线支架，如图 2.14-25 所示。

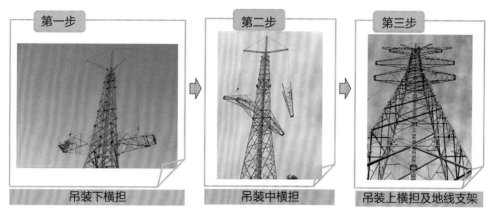

吊装下横担　　　吊装中横担　　　吊装上横担及地线支架

图 2.14-25

2.14.6　摇臂抱杆的拆除

摇臂抱杆的拆除步骤如图 2.14-26 所示。

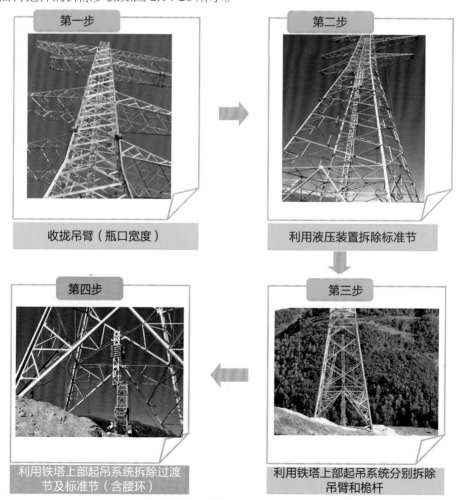

收拢吊臂（瓶口宽度）　　　利用液压装置拆除标准节

利用铁塔上部起吊系统拆除过渡节及标准节（含腰环）　　　利用铁塔上部起吊系统分别拆除吊臂和桅杆

图 2.14-26

2.14.7　摇臂抱杆的布置要点

1. 牵引系统的布置要点

牵引系统的核心就是四台绞磨。摇臂抱杆和内悬浮抱杆都采用 5 t 绞磨，其布置方式也相同。

四台绞磨宜布置在顺线路前进方向的大号侧或小号侧，牵引装置与铁塔中心的距离应不小于塔高的 1/2 且不小于 40 m，如图 2.14-27 所示。

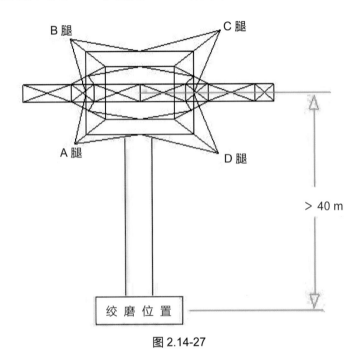

图 2.14-27

2. 底座的布置要点

为防止抱杆下沉或倾斜，应在铁塔中心位置开凿出尺寸为 2 m×2 m 的平地。对于斜坡地形，不建议采用在下山坡侧垫高的处理方式找平。

（1）当场地土壤为普通土、黏性土等较松软土质（判断标准：用十字镐下挖一次钻入深度超过 15 cm）时，应在平整的场地内先铺填直径 100 mm 左右的石头，并进行夯实，然后再铺垫方木及钢板等。基础底板结构如图 2.14-28 所示。

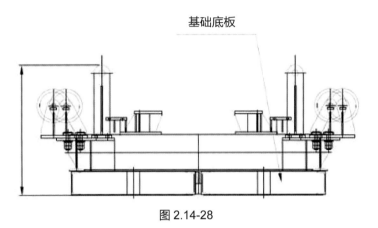

图 2.14-28

（2）当场地土壤为坚土（判断标准：用十字镐下挖一次钻入深度不超过 5 cm）、松砂石、泥岩、砂岩时，只需将场地找平并直接将抱杆基础底板置于其上即可，如图 2.14-29 所示。

图 2.14-29

3. 底座基础拉线的布置要点

底座基础采用 4 组拉线。每组拉线采用一根 $\phi21.5$ 的钢丝绳套与一个 6 t 手扳葫芦连接。拉线的一端固定在底架基础拉线孔上，另一端固定在基础立柱或塔座板工作孔上，如图 2.14-30 所示。

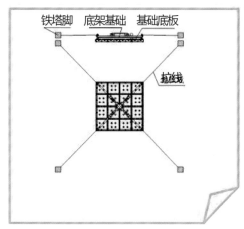

图 2.14-30

4. 套架拉线的布置要点

每组套架拉线由一根 $\phi 21.5$ 的钢丝绳和一个 6 t 手扳葫芦组成，拉线的一端固定在套架拉线孔上，另一端固定在基础塔腿或塔座板上。套架拉线的现场布置如图 2.14-31 所示。

图 2.14-31

5. 腰环的布置要点

（1）腰环分类。

腰环分为普通腰环及加强腰环两种，如图 2.14-32 所示。

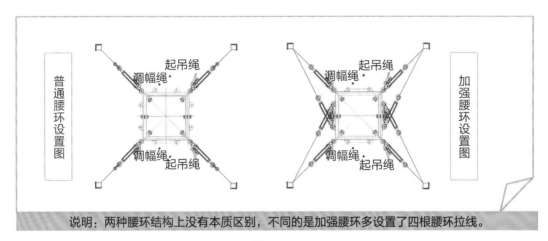

说明：两种腰环结构上没有本质区别，不同的是加强腰环多设置了四根腰环拉线。

图 2.14-32

（2）腰环的选择。

铁塔高度在 80 m 及以下时，应在塔高 1/2 处及最上部各设置一道加强腰环（每个角 2 根拉线），其余部位可以设置普通腰环（每个角 1 根拉线）；铁塔高度超过 80 m 时，应在塔高 1/3 处、2/3 处及最上部各设置一道加强腰环（每个角 2 根拉线），其余部位可以设置普通腰环（每个角 1 根拉线），如图 2.14-33 所示。

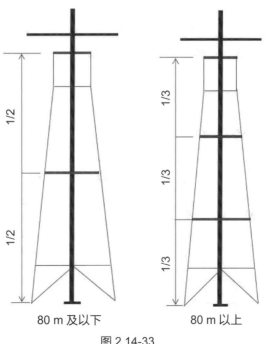

图 2.14-33

（3）腰环的布置。

①根据计算，T2D96 型、T2D48 型摇臂抱杆腰环拉线最高处的最大水平拉力分别为 4.5 t、2.5 t，故腰环拉线需使用 ϕ15 钢丝绳，同时每根拉线应采用 5 t 卸扣及 6 t 手扳葫芦。

②每道腰环安装完成后，应在收紧拉线的同时在塔位正、侧面方向安排人员对抱杆垂直度进行监测；如果垂直度超过 1‰，则必须调整腰环拉线，以保证抱杆的垂直度满足相关要求。

③腰环对抱杆的安全使用至关重要。在铁塔塔身组立到一定高度时，需要在抱杆上安装腰环，以保证抱杆稳定。700 mm 断面抱杆腰环之间的垂直间距不得超过 12 m，1000 mm 断面抱杆腰环之间的垂直间距不得超过 21 m。

腰环的布置如图 2.14-34 所示。

图 2.14-34

6. 上拉线布置要点

在吊装塔身、横担时，应注意抱杆上拉线对夹角不超过 60°，否则应调整抱杆顶升高度来满足这一要求；上拉线应设置在最上段主材内侧的施工孔上，如图 2.14-35 所示。

图 2.14-35

7. 悬臂高度的布置要点

开始顶升前，必须放松抱杆上拉线。为保证抱杆的稳定性，每次顶升完成后确保 1000 mm 断面抱杆悬臂高度不超过 21 m，确保 700 mm 断面抱杆悬臂高度不超过 12 m。

2.15　平臂抱杆组塔施工工艺

2.15.1　常用平臂抱杆的主要参数

平臂抱杆结构如图 2.15-1 所示。

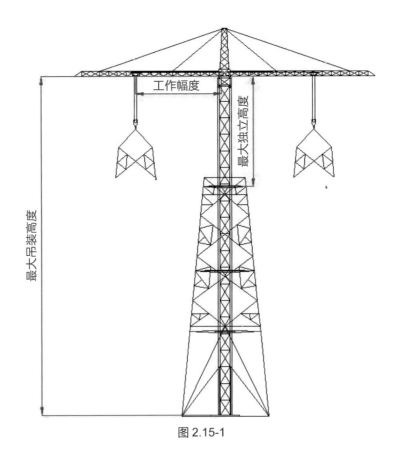

图 2.15-1

最大独立高度：平臂抱杆在安装附着后，该高度又称"悬臂高度"，是指抱杆吊臂与最高一道附着之间的高差；若平臂抱杆尚未安装任何附着，使用装配式底座及回转下支座拉线（或使用整体式底座及混凝土基础）时，抱杆最大独立高度是指吊臂与抱杆底座之间的高差。

最大起重量幅度：平臂抱杆起重最大重量时，载重小车在吊臂上移动的范围。

最大吊装高度：平臂抱杆最终的使用高度。

常用平臂抱杆的主要参数见表 2.15-1

表 2.15-1　常用平臂抱杆的主要参数

抱杆型号	额定起重力矩（kN·m）	工作幅度（m）	最大起重量幅度（m）	初始全高（m）	附着最大间距（m）	最大吊装高度（m）
T2T45	450.00	2.00～18.00	2.00～18.00	20.40	8.00	100.00
T2T60	600.00	2.00～20.00	2.00～12.00	19.30	15.00	120.00
T2T100	100.00	2.50～21.00	2.50～12.65	32.10	21.00	150.00

2.15.2　平臂抱杆的施工

1. 施工准备

（1）技术准备。

①现场踏勘。施工班组负责人、平臂抱杆操作人员、指挥人员在铁塔组立前应对地形及外部环境进行踏勘，收集地形地貌、气象条件、运输条件等资料，拟定施工现场初步布置方案。如与施工方案不符，应及时通知施工项目部确认，再根据现场实际情况，重新制定方案。

②基础验收。按照验收规范的要求，结合浇筑时间和天气情况确定待组立铁塔基础的混凝土强度是否达到设计强度的 70%。检查铁塔基础的尺寸是否符合规范要求，如基础在线路横纵方向的位移、基础扭转、基础根开、基础地脚螺栓的露出高度及基础顶面高差等。

（2）人员准备。

①一般作业人员。禁止未成年人、超龄人员入场。所有施工人员进场前必须提供体检报告，且经过安全、质量、技术等方面的培训，考试合格后方可作业。

②特种作业人员。特种作业人员（如高空作业人员）须持证上岗，且证件真实有效，班组持证人员不足时禁止开工。

（3）工器具、防护用品及材料准备。

①地锚、卸扣、滑车等工器具以及安全防护用品进场后，施工项目部应组织相关人员到材料站进行验收，同时进行外观检查及实验报告等资料的检查，并留存检查结果。

②各施工班组领取工器具前应进行再次检查，不合格的工器具严禁进入组塔现场。严禁自带卸扣、吊带等受力工器具进入现场。

③作业现场工器具的荷载标识必须明显，严禁以小代大使用。

④绳套插接长度不小于其直径的 15 倍，且不小于 300 mm。

⑤工器具及材料准备清单见表 2.15-2。

表 2.15-2　工器具及材料的准备清单

序号	名称	规格	备注
1	底座拉线	ϕ19.5 钢丝绳	
2	套架落地拉线	ϕ21.5 钢丝绳	
3	回转下支座拉线	ϕ21.5 钢丝绳	

续表

序号	名称	规格	备注
4	腰环拉线	ϕ19.5 钢丝绳	
5	吊点线	ϕ21.5 钢丝绳	
6	接地线	25 mm² 裸铜软线	
7	卸扣	80 kN	
8	手扳葫芦	90 kN	
9	手扳葫芦	30 kN	
10	传递滑车	30 kN	
11	卷扬机地锚	50 kN	

（4）作业场地布置。

①应根据施工现场的实际情况对场地进行平整，并合理布置施工现场。

②塔材堆放不得侵占吊车就位路线。同时，塔材不得堆放于低凹处，无法避开时应采取防止雨水浸泡等措施。螺栓必须使用容器分类盛放。

③施工现场应严格按照项目部安全文明施工部署的要求设置围栏、警示牌、责任牌、安全施工及文明宣传栏等。

作业场地的布置如图 2.15-2 所示。

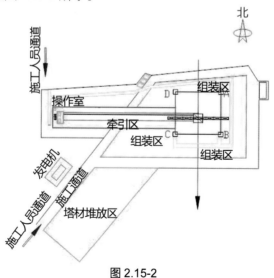

图 2.15-2

（5）卷扬机地锚布置。

①锚坑开挖深度达到要求后，由施工班组长、驻场监理验收合格后，将地锚连接锚绳

并正确放入锚坑。

②回填并夯实锚坑，预留防沉层 20 ～ 30 cm，绞磨坑用防水布遮盖，地势低洼易积水处应修筑临时排水沟，并设置锚坑验收合格牌，如图 2.15-3 所示。

图 2.15-3

（6）成品保护与临时接地。

①成品保护。

A. 应采用硬质材料包裹基础棱边，基础顶面、侧面外漏部分采用苫盖的方式。

B. 再用袋装泥土覆盖基础顶面及棱边。

②临时接地。

A. 塔腿起立后，必须设置临时接地线。

B. 塔身接地引下线与埋地接地体之间的连接采用并沟线夹，四个塔腿均须接地。

成品保护与临时接地如图 2.15-4 所示。

图 2.15-4

2. 铁塔分解、组装

（1）应根据平臂抱杆性能和铁塔分段、分片结构尺寸和重量，将铁塔进行分解、组装。

（2）组装构件的场地应相对平整，保证塔材不因扭曲及弯曲剪力而发生变形，同时保证组装安全。

（3）地面组装时，螺栓的选择、安装及紧固必须符合施工要求。塔材脏污时，必须清除脏污后再组装。

（4）严禁起吊和地面组装交叉作业，地面人员严禁处于起吊作业的垂直范围内。

（5）地面组装时，塔材与地面接触处必须垫衬软物或木块，严禁用塔材做衬垫。应根据现场地形灵活安排组装方向，尽量靠近塔腿堆放。

铁塔的分解、组装如图 2.15-5 所示。

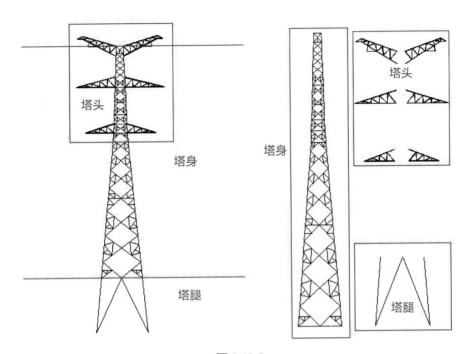

图 2.15-5

3. 平臂抱杆安装及调试

（1）安装流程。

平臂抱杆的安装流程如图 2.15-6 所示。

1	安装抱杆底部	6	安装吊臂
2	安装标准节	7	安装抱杆腰环
3	安装套架	8	安装拉线
4	安装下支座、回转支承、上支座及回转塔身	9	抱杆调试及试验
5	安装塔顶		

图 2.15-6

（2）安装抱杆底部。

抱杆底部的安装如图 2.15-7 所示。

图 2.15-7

（3）安装标准节。

标准节的安装如图 2.15-8 所示。

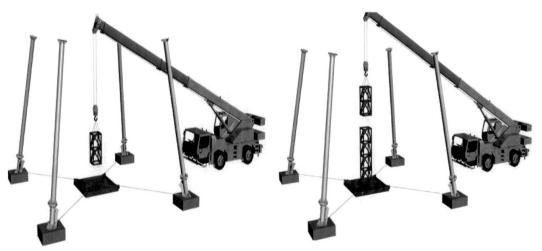

图 2.15-8

（4）安装套架。

套架的安装如图 2.15-9 所示。

图 2.15-9

（5）安装下支座、回转支承、上支座及回转塔身。

下支座、回转支承、上支座及回转塔身的安装如图 2.15-10 所示。

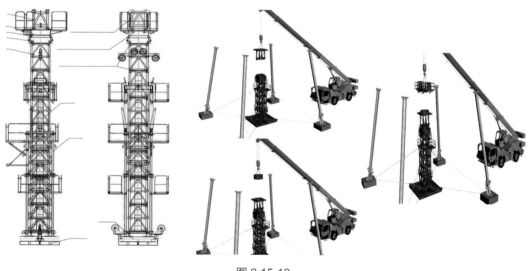

图 2.15-10

（6）安装塔顶。

塔顶的安装如图 2.15-11 所示。

图 2.15-11

（7）安装吊臂。

吊臂的安装如图 2.15-12 所示。

图 2.15-12

（8）安装抱杆腰环。

一般通过收紧腰环拉线来保证抱杆的稳定，腰环的合理配置对安全使用抱杆非常重要（图 2.15-13），其配置和安装应遵循以下规定：

图 2.15-13

①腰环以上部分的抱杆高度称为悬臂高度，抱杆的最大悬臂高度不得大于该型号的相关规定。

②抱杆腰环通过拉线固定在塔身主材节点的施工孔上，由于塔身主材节点与腰环的配置位置可能不一致，使用中应控制腰环间距，按要求进行施工。

③由于腰环较重，高空对接组装比较困难。施工中常将需用的腰环全部套在下支座的第一个标准节上，再安装上下支座。当抱杆升到腰环固定位置时，将最下层的腰环打好拉线，解开零时锚绳即可。

④安装腰环时需在横顺线路各设置一台经纬仪，调整并收紧腰环时可通过经纬仪观察，以保证抱杆垂直稳定。腰环水平拉线是一种用来固定腰环的软支撑，一般下层拉线受力小于上层拉线。调整好拉线，闭锁调节葫芦后，方可吊装作业。

（9）安装拉线。

平臂抱杆底部、套架拉线安装如图 2.15-14 所示，平臂抱杆回转支座拉线安装如图 2.15-15 所示。

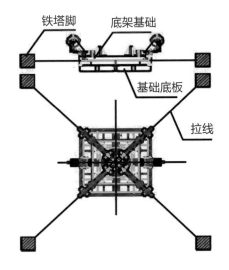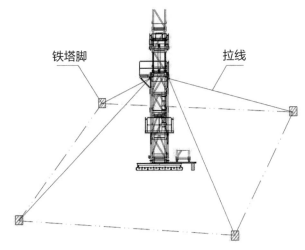

图 2.15-14

图 2.15-15

（10）抱杆调试及试验。

平臂抱杆调试及试验与摇臂抱杆相同。

4. 组塔施工

（1）塔腿吊装。

当单根主材或单个塔腿较重而无法对整个塔腿吊装时，可采用单根起吊主材的方式组装塔腿，如图 2.15-16 所示。

①先将铁塔单根主材依次吊装就位，吊件按顺序从下往上吊装。每个吊件吊装就位后

须在其顶部安装临时拉线,以保证塔腿的倾斜度符合相关要求。临时拉线控制塔腿段顶端根开宜略大于设计值,便于封材吊装就位。

②进行封材吊装前,应先在地面完成封材的组装。当吊件提升到就位地点时,依次将封材吊装就位并进行拼接。当完成三面塔腿段的组装后,吊车退出塔基内侧,在外侧完成剩下塔腿侧的封装。

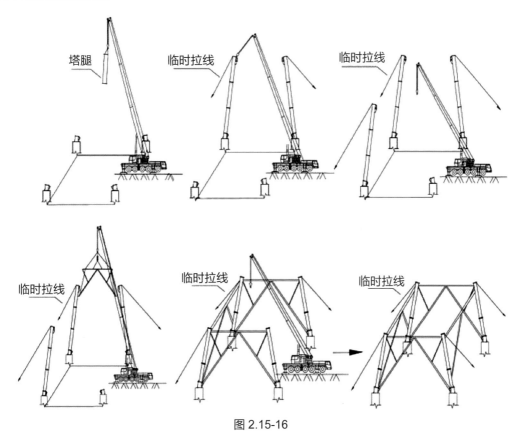

图 2.15-16

(2)塔片绑扎。

塔片的绑扎点应选在构件两侧主材的对称节点处,绑扎绳应通过卸扣与塔材连接,连接处必须垫加强木并包裹胶皮(或粗制麻袋),防止塔材镀锌层磨损,常见的塔片绑扎如图 2.15-17 所示。

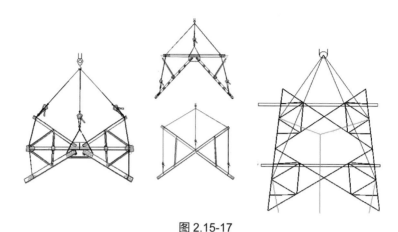

图 2.15-17

（3）塔身吊装。

塔身吊装如图 2.15-18 所示。

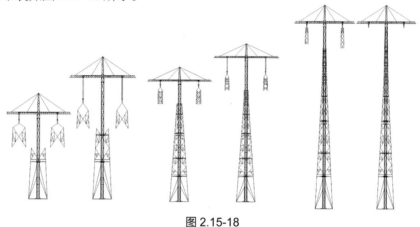

图 2.15-18

（4）顶升施工。

①抱杆顶升的操作步骤。

A. 开始顶升加高时，伸出油缸直至爬爪的顶升面与标准节的踏步顶升面完全贴合。扳动摇杆使爬爪处于与标准节主弦杆踏步脱开的位置，继续顶升直至将油缸完全伸出，此时可以引进标准节。

B. 再将摇杆摇起，使爬爪贴近标准节主弦杆踏步。就位后开始收回油缸，使摇杆顶面与踏步顶升面完全贴合，然后摇下顶升承台上的扳手杆，使爬爪离开标准节主弦杆踏步。固定好扳手杆，再完全收回油缸。

C. 油缸完全收回后，摇起扳手杆，使爬爪贴近标准节主弦杆踏步。

D. 重复上述操作，使油缸完成三次顶升过程，最后一次使油缸保持完全伸出状态。

E. 推进引进梁上的标准节，就位后收回油缸，直至塔身标准节下端面与引进的标准节上端面间距约 2 cm 时，停止油缸动作。用 8 组 M30 的高强度螺栓将引进梁上的标准节与塔身标准节连接，然后微微顶起油缸，再拆下引进的标准节上的滚轮结构。最后，将油缸收回，完成标准节安装。

②抱杆顶升示意图。

抱杆顶升示意如图 2.15-19 所示。

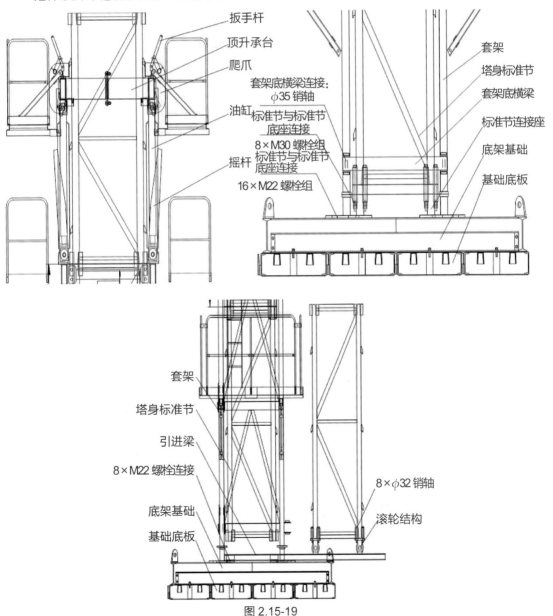

图 2.15-19

（5）下横担吊装。

下横担的吊装如图 2.15-20 所示。

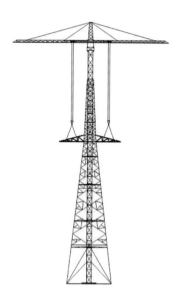

图 2.15-20

（6）中横担吊装。

中横担的吊装如图 2.15-21 所示。

图 2.15-21

（7）地线支架及上横担吊装。

地线支架及上横担的吊装如图 2.15-22 所示。

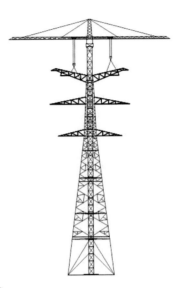

图 2.15-22

（8）抱杆拆除。

①抱杆拆除的步骤。

A. 拆除吊钩和幅度限位装置。

B. 将载重小车开至起重臂头部，把起升钢丝绳穿过塔顶部滑轮组（相应侧滑轮），经由起重臂最外端滑轮组（相应侧滑轮）、端部导轮组，与臂头可拆除部分相连。卸下臂头可拆除部分后，将钢丝绳与开至臂头的载重小车相连，拆除载重小车。

C. 拆除左侧起重臂。把起升钢丝绳穿过塔顶部滑轮组（左侧滑轮），经由起重臂最外端滑轮组（左侧滑轮）返回塔顶穿过另一个滑轮（另一个左侧滑轮），然后再经由起重臂最外端滑轮（另一个左侧滑轮）固定到塔顶的耳板上。拆除右侧起重臂的方法同拆除左侧起重臂。

D. 运行起升机构，先将两侧起升钢丝绳预紧。确保两侧起升钢丝绳预紧后，再运行起升机构，让两侧吊臂围绕根部铰点同步缓慢地摇起。

E. 待两侧吊臂与塔顶的碰块接触时，将吊臂分别固定在塔顶上，并用撑杆架把吊臂与回转塔身固定铰接在一起。

F. 依次将塔顶、回转塔身支座、塔身、套架等部分拆除，最后拆除底架基础和基础底板。

②抱杆拆除示意图。

抱杆拆除示意如图 2.15-23 所示。

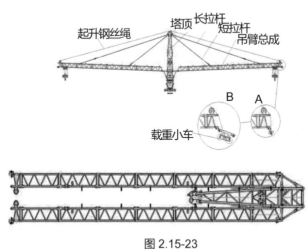

图 2.15-23

（9）铁塔检修。

①铁塔组立完成后，应立即对铁塔进行检修，根据铁塔图纸认真核对缺件件号，并填写缺件单报项目部。

②严格按照质量验收规范要求对铁塔进行检修，对磨损、锈蚀的铁件进行更换或防锈处理，对错孔、漏孔进行扩、钻孔，对塔腿主材与塔脚板的缝隙做防渗水密封处理。

③变形的塔材在规范允许范围内且可能校正的情况下进行校正，超过规范要求的不能校正的应立即进行更换。

④螺栓必须全部紧固，扭矩必须合格。架线后，螺栓还应再复紧一遍。

2.16　组塔施工质量管理

2.16.1　质量标准执行

1. 相关国家标准及行业标准

相关国家标准及行业标准如图 2.16-1 所示。

国家标准及行业标准			
国家标准		GB 50233—2014	110 kV～750 kV 架空输电线路施工及验收规范
行业标准	施工规范及工艺导则	DL/T 5343—2018	110kV～750kV 架空输电线路张力架线施工工艺导则
		DL/T 5288—2013	架空输电线路大跨越工程跨越塔组立施工工艺导则
	质量验收标准	DL/T 5168—2016	110kV～750kV 架空输电线路施工质量检验及评定规程
		DL 5319—2014	架空输电线路大跨越工程施工及验收规范
		DL/T 5732—2016	架空输电线路大跨越工程施工质量检验及评定规程

图 2.16-1

2. 企业标准

（1）施工规范、导则。

主要施工规范、导则如图 2.16-2 所示。

施工规范、导则		
线路工程组塔主要施工规范	Q/GDW 1112—2015	750 kV 架空输电线路铁塔组立施工工艺导则
	Q/GDW 1860—2012	1000 kV 架空输电线路铁塔组立施工工艺导则
	Q/GDW 10346—2016	架空输电线路钢管塔组立施工工艺导则
	Q/GDW 11141—2013	双平臂落地抱杆安装及验收规范
	Q/GDW 11598—2016	架空输电线路机械化施工技术导则
直流组塔主要施工导则	Q/GDW 262—2009	±800 kV 架空输电线路铁塔组立施工工艺导则

图 2.16-2

（2）验评规范。

验评规范如图 2.16-3 所示。

验评规范		
直流组塔主要验评规范	Q/GDW 227—2008	±800 kV 直流输电系统接地极施工及验收规范
	Q/GDW 228—2008	±800 kV 直流输电系统接地极施工质量检验及评定规程
	Q/GDW 229—2008	±800 kV 直流输电系统架空接地极线路施工及验收规范
	Q/GDW 230—2008	±800 kV 直流输电系统架空接地极线路施工质量检验及评定规程
	Q/GDW 1225—2018	±800 kV 架空送电线路施工及验收规范
	Q/GDW 1226—2014	±800 kV 架空送电线路施工质量检验及评定规程
	Q/GDW 1569—2015	±660 kV 架空输电线路施工及质量验收规范
交流组塔主要验评规范	Q/GDW 10115—2019	±750 kV 架空输电线路施工及验收规范
	Q/GDW 10121—2019	±750 kV 架空输电线路施工质量检验及评定规程
	Q/GDW 285—2009	±1000 kV 交流输变电工程启动及竣工验收规程
	Q/GDW 1153—2012	±1000 kV 架空送电线路施工及验收规范
	Q/GDW 1163—2017	±1000 kV 架空送电线路施工质量检验及评定规程

图 2.16-3

2.16.2 质量等级评定标准及检查方法

质量等级评定标准及检查方法如图 2.16-4 所示。

（Q/GDW 10121—2019 750 kV 架空输电线路施工质量检验及评定规程）				
序号	检查（检验）项目	性质	评级标准（允许偏差）	检查方法
1	部件规格、数量	主控	符合设计要求	与设计图纸核对
2	节点间主材弯曲	主控	1/750	弦线、钢尺测量
3	转角、终端塔倾斜	主控	符合设计要求	经纬仪测量
4	直线塔结构倾斜（%）	一般	一般塔 0.30	经纬仪测量
			高塔 0.15	
5	螺栓与构件面接触及出扣情况	一般	符合现行《110 kV～750 kV 架空输电线路施工及验收规程》第 7.1.3 条规定	常规检查
6	螺栓防松	一般	符合设计要求	常规检查
7	螺栓防卸	一般	符合设计要求	常规检查
8	脚钉	一般	符合设计要求	常规检查
9	螺栓紧固	一般	符合现行《110 kV～750 kV 架空输电线路施工及验收规程》第 7.1.6 条规定，且紧固率应满足：组塔后不低于 95%，架线后不低于 97%	扭矩扳手检查
10	螺栓穿向	一般	符合现行《110 kV～750 kV 架空输电线路施工及验收规程》第 7.1.4 条规定	常规检查
11	保护帽	一般	符合设计要求	常规检查

图 2.16-4

2.16.3　质量通病防治要求

1. 输变电工程质量通病防治手册

（1）现行手册。

《国家电网有限公司输变电工程质量通病防治手册（2020 年版）》（图 2.16-5）共分为变电站工程和线路工程两部分。线路工程又分为基础工程、接地工程、铁塔工程、架线工程和资料，共 29 项质量通病防治内容。

图 2.16-5

（2）质量通病。

质量通病清单如图 2.16-6 所示。

质量通病清单

序号	质量通病	序号	质量通病
1	基础蜂窝、麻面及二次修饰	16	塔脚板与基础面接触不良
2	基础棱角磕碰、损伤	17	塔材有损伤、锈蚀
3	钢筋保护层厚度不符合设计要求	18	保护帽浇筑不符合要求
4	钢筋机械连接不符合要求	19	悬垂绝缘子串偏斜
5	基础回填不规范	20	导线间隔棒不在同一竖直面上
6	接地体焊接及防腐不符合要求	21	防振锤安装不符合要求
7	接地体埋深、接地电阻值不符合要求	22	压接管弯曲，表面有飞边、毛刺
8	接地引下线镀锌层损伤、锈蚀	23	金具销子穿向不一致，开口不到位
9	接地引下线螺栓未采取放松措施	24	悬垂线夹铝包带缠绕不规范
10	塔脚板与铁塔主材间有缝隙	25	光缆引下线、余缆盘安装不规范
11	防盗螺母缺失、紧固不到位	26	瓷绝缘子损伤
12	螺栓规格使用错误	27	钢筋、水泥质量证明文件及跟踪记录不规范
13	塔材交叉处垫片或垫块安装错误	28	施工检查及评定记录填写不规范
14	铁塔螺栓紧固率不符合要求	29	竣工图归档不规范
15	脚钉弯钩朝向不一致，脚蹬侧露丝		

图 2.16-6

2. 质量通病防治要求

（1）铁塔组立前的一般规定。

铁塔组立前的一般规定如图 2.16-7 所示。

一般规定

①铁塔组立前应有完整的施工技术设计，并编制铁塔组立施工作业文件，施工作业文件应包含质量保证措施。
②铁塔基础符合下列规定时方可组立铁塔：
　A. 经检查验收合格；
　B. 分解组立铁塔时，混凝土的抗压强度应达到设计强度的 70%。
③铁塔组立前应铺设接地装置，铁塔组立过程中应可靠接地。
④铁塔塔材的弯曲度应按 GB/T 2694—2018 的规定验收。对运至桩位的个别角钢，当弯曲度超过长度的 2‰，但未超过变形限度时，可采用冷矫正法进行矫正，但矫正的角钢不得出现裂纹和锌层脱落。
⑤在运输中应对铁塔用的钢管构件、焊接件等进行保护，防止碰撞、扭曲、变形、破损。
⑥铁塔的焊接应符合 GB 50205—2020 的规定，钢管铁塔的焊接质量，焊接件装配和组装允许偏差还应符合 DL/T 646—2012 的规定。

图 2.16-7

114

（2）铁塔施工质量管理措施。

铁塔施工质量管理措施如图 2.16-8 所示。

质量管理措施

①铁塔各构件的组装应牢固；交叉处有空隙时，应装设相应厚度的垫片或垫块。
②螺栓使用、穿向应符合设计及规范规定。
③铁塔部件组装有困难时应查明原因，不得强行组装。
④铁塔连接螺栓在组立结束时应全部紧固一次，检查螺栓紧固合格率不低于 95% 后方可架线。架线后，螺栓还应复紧一遍，且螺栓紧固合格率不低于 97%。
⑤自立式转角塔、终端塔组立后应向受力反方向产生预倾斜。架线后，塔顶端仍不应超过铅垂线而偏向受力侧。
⑥脚钉安装应牢固齐全，脚钉端部弯钩统一朝上，安装位置应符合设计或建设单位要求。
⑦铁塔组立后，各相邻主材节点间弯曲度为：角钢铁塔不得超过 1/750，钢管塔不得超过 1/1000。
⑧铁塔组立后锌层不应有破坏，表面清洁无明显污物，锈点、锈斑应进行防锈处理。
⑨铁塔组立后，塔脚板应与基础面接触良好，有空隙时应垫铁片，并应浇筑水泥砂浆。
⑩塔脚板与铁塔主材应贴合紧密，有缝隙时应进行封堵。

图 2.16-8

（3）质量检查要求。

质量检查要求如图 2.16-9 所示。

质量检查要求

外观检查项目：缺件、螺栓穿向及匹配情况、防盗防松措施、保护帽制作工艺、镀锌外观质量等。
实测实量项目：杆塔结构倾斜、主材节点间弯曲、构件变形、螺栓紧固率、镀锌层厚度、构件贴合度等。

图 2.16-9

2.16.4　常见质量问题及控制措施

常见质量问题及控制措施如图 2.16-10 至图 2.16-29 所示。

质量问题 1：塔脚板与基础不匹配，地脚螺栓和垫片无法正常安装

控制措施：加强图纸审查、物资监造管控，严格厂内试组装，强化进场验收。塔脚板安装前，施工班组质检员应复核地脚螺栓、螺杆、垫片的标识与塔号是否匹配，确认无误后方可施工。发现螺栓、垫片等缺失时，施工承包商应联系原供应商进行增补，严禁私自加工或购买。

图 2.16-10

质量问题 2：钢管塔未设计管内积水排水措施（隔水板、排水孔）

控制措施：加强图纸审查。在钢管的底部法兰盘处，设计隔水板和排水孔，这样才不会造成管内积水。设置隔水板后，既方便排水，又不影响打保护帽。

图 2.16-11

质量问题 3：钢管分段设计不合理，加劲板距离法兰盘太近，螺栓无法按规范要求方向穿入

控制措施：加强图纸审查、物资监造管控，严格厂内试组装，强化进场验收。

图 2.16-12

质量问题 4：塔材加劲板焊缝开裂，未封堵塔材上多余孔

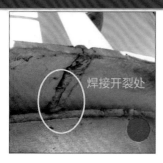
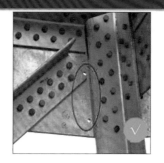

控制措施：加强物资监造管控，严格厂内试组装，强化进场验收。

图 2.16-13

质量问题 5：塔材表面锌瘤较多，镀锌质量差

控制措施：现场应加强物资开箱检查验收。

图 2.16-14

质量问题 6：铁塔加工错误

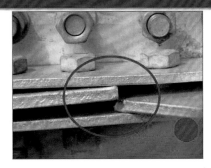

控制措施：加强物资监造管控，严格厂内试组装，强化进场验收。

图 2.16-15

质量问题 7：设计及加工放样问题，导致螺栓无法安装和紧固

控制措施：加强物资监造管控，严格厂内试组装，强化进场验收。

图 2.16-16

质量问题 8：塔材变形、磨损

控制措施：GB 50233—2014 第 7.1.1 条规定，"杆塔组立过程中，应采取防止构件变形或损坏的措施。"第 7.1.11 条规定，"对运至桩位的个别角钢，当弯曲度超过长度的 2‰，但未超过规定的变形限度时，可采用冷矫正法矫正，但矫正后的角钢不得出现裂纹和锌层脱落。"

图 2.16-17

质量问题 9：交叉铁间未按设计措施使用垫片（垫块）

控制措施：GB 50233—2014 第 7.1.2 条规定，"杆塔各构件的组装应牢固，交叉处有空隙时应装设相应厚度的垫片或垫块。"

图 2.16-18

质量问题 10：防盗、防松螺母漏装、未紧固

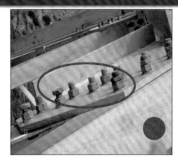

控制措施：铁塔螺栓应按设计要求使用防卸、防松装置。《国家电网公司输变电工程标准工艺》（2016 年版）要求："防盗螺栓安装到位，扣紧螺母安装齐全，防盗螺栓安装高度符合设计要求。防松帽安装齐全。"

图 2.16-19

质量问题 11：铁塔同部位螺栓使用规格不一致

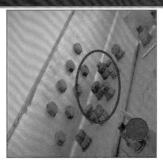

控制措施：螺母紧固后，螺栓露出螺母的长度，对单螺母，不应小于两个螺距；对双螺母，可与螺母相平。

图 2.16-20

质量问题 12：钉脚脚蹬侧露丝扣

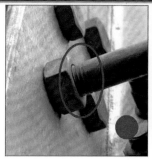

控制措施：杆塔脚钉安装应齐全，脚蹬侧不得露丝。

图 2.16-21

质量问题 13：铁塔脚钉弯钩朝向不一致

控制措施：脚钉安装应牢固齐全，安装位置应符合设计要求，脚钉弯钩朝向应一致向上。

图 2.16-22

质量问题 14：铁塔防坠落装置轨道不顺直

控制措施：优化铁塔和防坠落装置的设计，严把监造、试组装和进场验收环节。Q/GDW 10162—2016 第 5.4.2.3 条要求："刚性导轨单根弯曲不得大于 L/1000 且应小于 4 mm。（L：构件长度）"；第 5.4.2.5 条要求："刚性导轨接头处应高低一致，无左右错位，接头间隙不应大于 2 mm。"

图 2.16-23

质量问题 15：主材弯曲度超标

控制措施：GB 50233—2014 第 7.2.6 条规定，"铁塔组立后，各相邻主材节点间弯曲度不得超过 1/750。"

图 2.16-24

质量问题 16：塔脚板与主材之间有缝隙，未采取封堵措施

控制措施：主材与塔脚板之间的缝隙应采取密封（防水）措施，出现缝隙时可使用环氧树脂或玻璃胶封堵。

图 2.16-25

质量问题 17：塔脚板与基础面有缝隙

控制措施：GB 50233—2014 第 7.2.7 条规定，"铁塔组立后，塔脚板应与基础面接触良好，有空隙时应用铁片垫实，并应浇筑水泥砂浆。"基础施工应控制好预高值、顶面水平，立塔前务必复核基础顶面高差。

图 2.16-26

质量问题 18：铁塔组立后地脚螺栓未紧固

控制措施：杆塔组立后，施工班组质检员应监督施工人员立即拧紧螺母并采取相应的防卸措施（8.8 级高强度地脚螺栓不应采用螺纹打毛的防卸措施）。

图 2.16-27

质量问题 19：铁塔螺栓紧固不满足规范要求

控制措施：螺栓紧固应符合 GB 50233—2014 第 7.1.6 条的规定，且紧固率应满足组塔后不低于 95%，架线后不低于 97% 的要求。

图 2.16-28

质量问题 20：塔材镀锌层厚度不满足规范要求

控制措施：加强监造和进场验收，镀锌层厚度和镀锌层附着量应符合 GB/T 2694—2018 表 14 的相关规定。

图 2.16-29

2.17　组塔作业高处坠落防护

2.17.1　高处坠落防护

高处坠落防护是指为防止人从高处跌落，并且有可能因跌落而造成严重的人身伤害时所采取的防护措施。以下情况应采取防护措施：

（1）《建筑施工高处作业安全技术规范》中规定：当作业高度超过 2 m 时，必须使用安全带或采取其他可靠的安全防护措施。

（2）当自由跌落距离低于 2 m，但仍有可能对跌落者造成严重的人身伤害时，也需要采取坠落防护措施。

2.17.2　防坠落防护用品介绍

防坠落防护用品有全方位防冲击安全带、防坠器、攀登自锁器等，如图 2.17-1 所示。

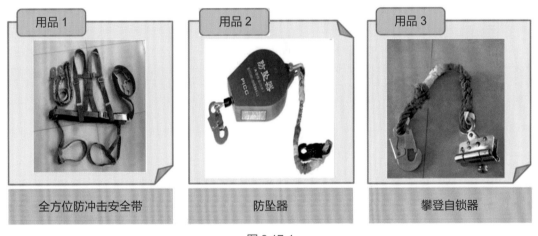

用品 1	用品 2	用品 3
全方位防冲击安全带	防坠器	攀登自锁器

图 2.17-1

2.17.3　防坠落防护用品检查

1. 安全带检查

（1）检查安全带的编织带及缝合点：每一根编织带应无损伤（磨损、刮伤、撕裂、烧伤等）；各缝合点应牢固，无开裂、散脱现象，如图 2.17-2 所示。

按照国家标准制造的产品，标志、标识应清晰，且具有明确的报废时间。

图 2.17-2

（2）检查安全带各部位连接环有无锈蚀，是否出现变形、裂纹，如图 2.17-3 所示。

图 2.17-3

（3）检查保险阀是否活动自如，并能自动复位，弹簧必须完好无损，如图 2.17-4 所示。

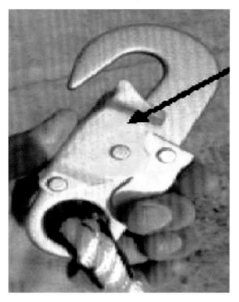

图 2.17-4

2. 防坠器及攀登自锁器检查

（1）将防坠器缓慢拉出 1 m 左右后松开，检查其能否自由伸缩，用力拉出后是否能自动卡死，如图 2.17-5 所示。

图 2.17-5

（2）检查攀登自锁器规格与攀爬绳规格是否匹配，如图 2.17-6 所示。

图 2.17-6

2.17.4 防坠落防护用品的使用

（1）要束紧腰带，腰扣组件必须系紧系正。

（2）应使用同一种类型的安全带，各部件不能擅自更换。

（3）登高前应进行简要的冲击试验。

（4）安全带要挂在上方牢固可靠处，高度不低于使用者腰部位置。

（5）利用安全带进行悬挂作业时，不能将挂钩直接勾在安全带绳上，应勾在安全带绳的挂环上。

（6）受到严重冲击的安全带，不可再次使用。

（7）严禁使用安全带传递重物。

（8）禁止将安全带挂在不牢固或带尖锐角的构件上。